高职高专建筑设计专业系列教材

省级重点专业建设成果

建筑模型设计与制作

主　编　郭莉梅　牟　杨
参　编　丁录永　李沁媛　张　芳
主　审　鲁　芸　冯　翔

中国轻工业出版社

图书在版编目（CIP）数据

建筑模型设计与制作／郭莉梅，牟杨主编．—北京：中国轻工业出版社，2024.6
高职高专建筑设计专业“十三五”规划教材
ISBN 978-7-5019-4410-1

Ⅰ.①建… Ⅱ.①郭… ②牟… Ⅲ.①模型（建筑）—设计—高等职业教育—教材②模型（建筑）—制作—高等职业教育—教材 Ⅳ.①TU205

中国版本图书馆CIP数据核字（2016）第322556号

责任编辑：陈 萍
策划编辑：林 媛 陈 萍　　责任终审：张乃柬　　封面设计：锋尚设计
版式设计：锋尚设计　　责任校对：吴大朋　　责任监印：张 可

出版发行：中国轻工业出版社（北京鲁谷东街5号，邮编：100040）
印　　刷：艺堂印刷（天津）有限公司
经　　销：各地新华书店
版　　次：2024年6月第1版第6次印刷
开　　本：787×1092 1/16 印张：6
字　　数：200千字
书　　号：ISBN 978-7-5019-4410-1 定价：35.00元
邮购电话：010-85119873
发行电话：010-85119832 010-85119912
网　　址：http://www.chlip.com.cn
Email：club@chlip.com.cn

240869J2C106ZBW

前言

本书根据建筑装饰专业人才就业岗位职业能力的需要而编写，注重培养学生的空间思维能力、动手能力和团队合作能力，以校企合作为平台、以工作过程为主线，将理论融入过程；将建筑模型设计、材料与设备、制作工艺、制作步骤通过工作过程流程化方式进行编写。

本书内容系统全面，图文并茂，具有较强的实用性和借鉴性。本书采用模块化形式编写，共分为8个模块，分别是：建筑模型制作的前期准备、建筑模型创意及可行性方案、建筑模型比例设计、建筑模型形体设计、模型色彩设计及处理、模型下料及构件加工、模型组合成型及装饰、模型后期制作与拍摄。书中配有大量的工程图片，通俗易懂，直观地把理论知识和实际操作联系起来，增强学生专业技能学习的兴趣，把工作过程和工作方法融入工程项目案例之中，将理论学习和实践训练融为一体。

本书由宜宾职业技术学院郭莉梅、牟杨、丁录永、李沁媛、张芳共同编写，郭莉梅、牟杨担任主编，对全书进行统稿，宜宾市维博装饰工程有限公司鲁芸总经理、宜宾职业技术学院冯翔任主审。编写具体分工为：郭莉梅撰写前言，模块一、模块八由牟杨编写，模块二、模块三由丁录永编写，模块四、模块五由李沁媛编写，模块六、模块七由张芳编写。本书可作为高职高专建筑装饰专业、工程造价专业、建筑设备技术专业教学用书，也可供建筑设计专业和建筑工程专业学生及相关工程技术人员作为参考用书。

本书在编写过程中参考了许多文献资料，对诸位编著者表示最真诚的感谢；还有一些书刊未能一一列出，望编著者谅解。由于编写时间仓促及水平有限，书中难免存在疏漏和不足之处，恳请各位专家学者和广大读者给予批评指正。

编者

2016年11月

于宜宾职业技术学院

目 录

模块一　建筑模型制作的前期准备

教学实施方案

【学习目标】

通过对建筑模型的分类及应用的学习，对模型的分类、作业及其设计特点有感知认识，为进一步学习模型制作打下基础。在本模块中，通过对建筑模型的常用材料及胶黏剂的学习，能准确把握建筑模型制作常用材料及胶黏剂的性能和应用。

【学习任务】

1. 收集各类模型案例（图片），分析模型与环境空间的关系，课堂讨论“如何体现模型设计的特点”。

2. 熟悉建筑模型的分类。

3. 掌握各类建筑模型的应用范围。

4. 准确应用建筑模型制作中的常用材料及胶黏剂。

5. 掌握建筑模型制作主要工具的运用。

【工作任务分解】

工作任务分解见表1–1至表1–3。

表1–1　建筑模型分类及应用

内容、步骤	职业技能及方法	学习知识点	考核点
模型分类	掌握建筑模型的分类及应用范围	深入了解模型种类、作用及设计特点	建筑模型的分类与应用

表1-2 建筑模型常用材料及胶黏剂

内容、步骤	职业技能及方法	学习知识点	考核点
建筑模型常用材料	掌握建筑模型常用材料的应用	熟悉建筑模型制作的常用材料	建筑模型材料的应用
建筑模型常用胶黏剂	掌握建筑模型常用胶黏剂的应用	熟悉建筑模型制作的常用胶黏剂	建筑模型常用胶黏剂的应用

表1-3 建筑模型制作常用工具

内容、步骤	职业技能及方法	学习知识点	考核点
建筑模型常用制作工具	掌握建筑模型常用制作工具的使用	熟悉建筑模型制作的常用工具	建筑模型制作工具的使用

1.1 建筑模型制作的前期准备概况

1.1.1 建筑模型分类

模型是设计表达的一种形式，模型制作是设计方案不可或缺的表达方式，它用立体思维的方式来表达设计中的材料、技巧和手段。模型是设计师以立体的形式表达设计构思、塑造直观形象的手段，为业主提供参考依据。

建筑模型按表现形式可以分为概念模型、标准模型、展示模型和工业模型等几大类；按制作方法可分为手工制作模型、电脑制作模型、机械制作模型等；按选用材料可分为发泡塑料模型、有机玻璃模型、木质模型、纸质模型、综合材料模型等。

1.1.2 建筑模型在设计中的地位和作用

模型设计师戴维·戈姆曾说过："在创造建筑的过程中，模型承担着不同的角色，随着设计的深入，模型也逐渐扩大比例和增加细部，每一个步骤的模型都使我们更进一步地接近完美的设计。"另外，约翰·麦卡斯兰合伙人马丁·马可罗曾这样描述模型在设计中的作用："在设计过程中，采用模型会使很难的问题迎刃而解，它们可以加速设计进程。"模型在设计过程中，一方面以它的三维表现优势，能在方案设计阶段使设计师的创意在空间上自由展开；另一方面，它又能在设计方案的推敲阶段，使设计者寻找到一些用图纸难以表达的方案。

建筑模型的制作除了可以使设计师更直接地从真实的空间维度来检验设计想法的可

行性及建筑的微缩效果外，设计师还可以借助模型来推敲建筑内外的造型、结构、色彩、材质纹理，并模拟建筑与光线之间产生的光影关系。实践论证，实物模型可提高设计可行性。

1.2　建筑模型制作常用材料及胶黏剂

1.2.1　建筑模型制作常用材料

制作建筑模型的材料较多，如纸材、木材、泡沫、ABS板、有机玻璃板、石膏等，选材时应根据设计师具体的模型效果设计来进行合理选择。

（1）纸材

纸材的种类较多，常在模型制作中使用的有色卡纸（图1–1）、铜版纸、皮纹纸（图1–2）、布纹纸、瓦楞纸（图1–3）等。纸张的规格较多，厚度从0.1～1.8mm不等，厚度在1.5～1.8mm的卡纸常用于骨架、墙体、地形、高架桥等自身强度能稳固体形的物体。纸材是制作建筑模型较为常用和快捷的材料，应用时应掌握不同的纸张的质感在表现上的区别。制作者可以根据模型效果选择不同纹理、色彩的纸张进行制作。在制作中，如果现有的纸材纹理无法表达模型材料纹理，可选择适合的纹理图样进行打印，粘贴在模型

图 1–1　色卡纸

图 1–2　皮纹纸

图 1–3　瓦楞纸

表面以表达其纹理效果。

纸材制作模型的方法较为简单，但纸材容易受潮，表面会出现褪色现象，不适宜长期保存，所以纸材类模型不适合制作需要长期存放和展示的建筑模型。不过，由于纸材成本较低，加工方便，因此它是模型制作中最常用的材料。

（2）木材

木材分类较多，如板材、块材、木屑、软木、树皮等。

①板材：常用板材有细木工板（图1-4）、面板、密度板、夹板等。细木工板承重性较好，可用于制作模型底台的基础部分，而面板和密度板表面纹理细腻，可用于制作建筑模型墙体结构等。

②木屑（图1-5）：在建筑模型制作中，木屑经过筛选可用于模拟草皮或沙地的效果。

③软木（图1-6）：一般软木平面尺寸为400mm×750mm，厚度为1～5mm的规格。

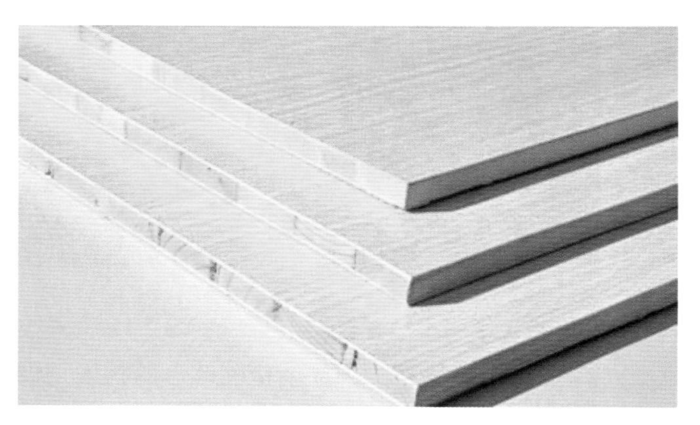

图 1-4　细木工板

图 1-5　木屑

图 1-6　软木

软木加工容易、无毒、无噪声，制作快捷，用它制作的规划切块模型具有特有的质感。当软木的厚度达不到制作要求时，可将多层软木粘贴达到所需厚度，灵活性较强。在对软木进行切割加工时，单层软木可用手术刀或裁纸刀剪裁，多层软木或较厚的单层软木可用台式曲线锯切割。

④树皮：树皮有着粗糙的纹理，可用于模拟一些特殊模型表面效果。

（3）泡沫

泡沫在模型的制作和加工中也是一种十分高效和便捷的材料，它常作为方案设计初期的模型制作基本材料。泡沫材料平面规格通常为1000mm×2000mm，厚度有10mm、20mm、30mm、50mm、80mm、100mm等规格。此外，在广告材料中，KT板的特性与泡沫板相同，也可以作为泡沫的替代品使用。

泡沫加工方法简便，加工工具常用单片钢锯、裁纸刀和电热切割器。由于切割后的泡沫截面较粗糙，如不是制作特殊效果，不适宜直接将泡沫用于制作模型的表面。泡沫的固定方式有两种，一种方法是用白乳胶来粘贴，另一种方法是用竹签在内部将其固定。

（4）ABS板

ABS板（图1–7）是雕刻机专用的板材，质地较软，呈不透明的白色，常见厚度有0.5mm、1mm、1.2mm、1.5mm、2mm、3mm、5mm、8mm、10mm等。其弯曲性较好，易于加工，一般的小裁纸刀就可将其刻穿，黏结性能好。

（5）有机玻璃板

有机玻璃板分透明和有色两种类型，重量比玻璃轻，在切割上也比玻璃简单，在模型中常用于表现玻璃质感的材料。

有机玻璃板的品种及规格较多，同名有机玻璃板主要有茶色、淡茶色、白色、淡蓝色、淡绿色等颜色；不透明的有机玻璃板主要有瓷白色、红色、黄色、蓝色、绿色、紫色、黑色等。有机材料除了板材外，还有管材和棒材等形式，直径为4～150mm，适用于制作一些具有特殊形状的模型。

由于有机玻璃板的质地较硬、脆，因此在切割时需结合钢尺和钩刀来使用，胶黏剂常使用三氯甲烷或502胶水。虽然有机玻璃板在加工上较其他材料难，但由于它易于粘贴，强度较高，做出的模型造型挺拔而且保存时间长，因此是商业展示或陈列性展示中

图1–7　ABS板

图1–8　有机玻璃板

常用的材料之一。不过因其售价较高，在模型教学中主要作为辅助材料使用。

（6）石膏

如需刻画较为细致的建筑构件造型或雕塑时，可用石膏粉掺水拌匀，待石膏体凝固后再使用雕刻刀雕刻出所需的模型造型。

石膏粉多为白色，如需改变石膏颜色要在加水搅拌时掺加所需颜料进行调和，但上色的做法不易将石膏的整体色彩控制均匀，所以只在制作小比例模型（1：500或更小）且有大批同等规格的构筑物时才选用。

1.2.2 建筑模型制作常用胶黏剂

借助胶黏剂将两个物体接合在一起形成的连接，称为黏合。黏合是将各种建筑模型部件组合成型的一种重要方法。

建筑模型制作中所使用的胶黏剂有丙酮、氯仿、502胶、504胶、801大力胶、立时得、泡沫胶和乳胶等。

（1）溶剂型胶黏剂

制作建筑模型时，有许多材料都要使用某种胶黏剂。但是这些胶黏剂本身只是一种化工溶剂。例如，ABS板的黏结可使用三氯甲烷或丙酮（图1-9），前者黏结速度快，牢度高，但有较大的毒性，需在通风好的场所操作；后者黏结性、黏结速度、牢度等较前者差，但无毒无痕迹。如需喷涂其他颜色，可用自动喷漆工具喷涂，也可用气泵、大小喷枪或喷壶，有时用小气泵、喷笔也可以。

（2）强力胶黏剂

强力胶黏剂主要靠胶黏剂本身的附着力将不同材质的东西黏合在一起。做建筑模型时，通常使用502胶、504胶，立时得、泡沫胶、801大力胶、乳胶等。三氯甲烷具有很强的腐蚀性，常用于粘贴有机板和PVC胶板。502胶用于粘贴有机板和PVC胶板时，粘贴速度快，但也易留下腐蚀的痕迹。

（3）其他胶黏剂

卡纸模型和竹木模型常用白乳胶进行粘贴。UHU胶是模型制作专用胶水，韧性强，粘贴牢固，适宜各种材料。相比上述粘贴材料，黏性较小且较易撕取的双面胶、透明胶和分色纸，常作为模型制作过程中临时性辅助的粘贴材料来使用。

图 1-9 丙酮

1.3　建筑模型制作常用工具及其使用

1.3.1　切割制作工具及其使用

建筑模型的制作工具要根据所选择材料的不同特性来选用。

（1）一般工具

裁纸刀用于切割卡纸。手术刀刀片非常锋利，但刀片较软，在制作卡纸模型时，可用来刻一些较薄较细小的部分。钩刀用于切割有机板和PVC胶板。切割泡沫板和木板一般用锯片。

（2）电热丝锯

电热丝锯一般用于切割聚苯泡沫塑料、吹塑或弯折塑料板等较厚的软质材料。一般是自制，它是由电源变压器、电热丝、电热丝支架、台板、刻度尺等组成。切割时打开电源，指示灯亮，电热丝发热，将欲切割的材料靠近电热丝并向前推进，材料即被迅速割开。

（3）鼓风电热恒温干燥烘箱

制作模型常用的鼓风电热恒温干燥烘箱型号为SC101–2，温度在150～500℃，可调。电源使用电压220V的交流电。工作室的尺寸是45cm×55cm。在用塑料制作建筑模型时经常要将材料弯成曲线形状，可采用这种干燥烘箱。在使用时，将恒温干燥烘箱电源接通，打开开关，在根据不同塑料进行温度定位后，再将截好的塑料放进干燥烘箱，此时把保温门关紧，待塑料烘软后，迅速将塑料放置在所需弧形模具表面上碾压冷却定型。

（4）电动圆片齿轮锯割机

电动圆片齿轮锯割机（图1–10）一般是自制，使用于不同长度有机玻璃的切割。它是由工作台面、发动机、带轮、齿轮锯片、刻度尺和脚踏板组成。在切割前，先让齿轮锯片空转，再将有机玻璃板放置靠向齿轮锯片进行切割。因这种工具比较危险，所以在工作前一定要穿好工作服和戴好工作帽，不能戴手套。在切割时一定要注意安全操作，最好自制辅助工具推送材料。

（5）电脑雕刻机

电脑雕刻机（图1–11）是科技发展的产物。电脑技术的迅猛发展，使得当今的建筑师可以借助电脑快速、准确和精确地制作实体模型。电脑实体模型的制作系统一般由绘图和制作两部分组成。

使用时首先建立设计方案的电脑三维模型，然后将该模型数据输送到联机的电脑雕刻机上，再将大小相宜的塑料板材平整地用双面胶条粘贴于工作台面上，启动雕刻机，电脑可以控制雕刻机自动将模型的各个细节部分割出。这种系统属于CAD/CAM技术，一般需要有专门的软硬件系统。

图 1–10　电动圆片齿轮锯割机

图 1–11　电脑雕刻机

1.3.2　钻孔工具及其使用

（1）手摇钻

手摇钻（图1–12）是常用钻孔工具，尤其是在脆性材料上钻孔时比较好用。手摇钻可配用直径8mm以下的直身麻花钻嘴，常用来钻直径细小的孔，例如，模型沙盘上的路灯眼、树眼，以及木螺丝孔和铆钉孔。使用时可一手握手柄，肩顶圆柄，另一手转动伞齿轮柄。

（2）手提钻

手提钻（图1–13）可在多种材料上钻1～6mm的小孔，携带方便，使用灵活。手提钻用电力推动马达，夹头转动，带动钻嘴钻孔，用法与手摇钻相同，只是钻孔更为方便、省力。普通手提钻可配用12mm以下的直身麻花钻嘴。

图 1–12　手摇钻

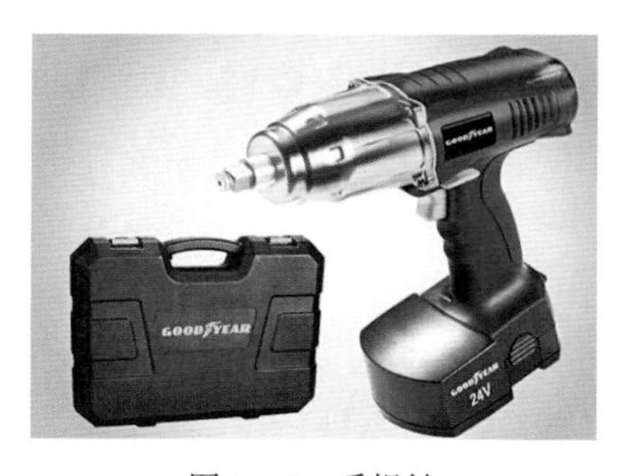

图 1–13　手提钻

思考与练习

1. 简述各类建筑模型的特点。
2. 建筑模型制作的常用材料如何加工？
3. 建筑模型制作的主要工具有哪些？如何使用？

模块二　建筑模型创意及可行性方案

教学实施方案

【学习目标】

通过对建筑模型创意及可行性方案的学习，对模型创意、设计要素、可行性论证及分析有感知认识，为进一步学习模型制作打下基础。在本模块中，通过对建筑模型的模型创意、形体结构、比例、色彩、材质、整体分析、方案制定等内容的学习，能够准确把握建筑模型的创意、精确的选用设计要素、准确对模型进行分析、制定出合理的制作方案。

【学习任务】

1. 掌握不同环境空间的模型设计与表达方法，启发设计思维，培养模型制作与设计能力。

2. 掌握建筑模型形体结构、比例、色彩、材质等设计要素。

3. 熟悉建筑模型制作重要性、分析与计划、制定方案。

【工作任务分解】

工作任务分解见表2–1至表2–3。

表2–1　模型创意

内容、步骤	职业技能及方法	学习知识点	考核点
模型创意	掌握建筑模型创意	深入了解建筑模型内部、外部、组合创意	模型内部、外部、组合创意

表2-2 设计要素

内容、步骤	职业技能及方法	学习知识点	考核点
设计要素	掌握建筑模型设计要素	熟悉建筑模型形体结构、比例、色彩、材质等设计要素	建筑模型形体结构、比例、色彩、材质等设计要素

表2-3 可行性论证及分析

内容、步骤	职业技能及方法	学习知识点	考核点
可行性论证及分析	掌握建筑模型设计必要性、制定方案	熟悉建筑模型制作重要性、分析与计划、制定方案等	建筑模型制作重要性、分析与计划、制定方案等

2.1 模型创意

模型创意阶段，首先对建筑形态、材质等内容进行设计；其次根据设计构想，对模型的最终效果进行预估。设计重点是最大限度地利用适合的模型表现手法，成功展现设计方案特色和魅力。建筑模型空间体现大多来源于墙体的围合，这样能更直观地区分内、外空间。但有些情况，室内外空间的界线似乎不太明确。

2.1.1 内部创意

内部空间是人们为了某些功能，用材料和技术手段在自然空间中围合或隔离出来的空间。它与人的关系十分密切，对人的影响也较大。空间形状多种多样，不同形状的空间不仅会使人产生不同的感受，甚至还会影响人的情绪。在满足功能基础上要具有美的形式，从而满足人们的精神感受和审美需求。常见室内空间一般是长方体，空间长、宽、高的比例不同。

对于公共活动空间而言，过小或过低的空间会使人感到局促或压抑。因此出于功能的要求，公共活动空间一般都具有较大的面积和高度。按照功能要求来确定空间的大小和尺寸，从而得到与功能性质相适应的尺度感。

在建筑空间中，围与透是对立的、相辅相成的。围而不透的空间，会使人感到闭塞；透而不围的空间，给人开敞感的同时也使人犹如置身室外，这就违反了建筑设计初衷。对于大多数建筑来讲，既有围又有透（图2-1），围与透合理利用。在建筑模型设计中，要预先保留门窗等开放构造，处理好“透”的面积。同时需要考虑后期制作时，

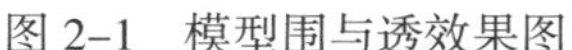
图 2-1　模型围与透效果图

图 2-2　模型内部空间效果图

这些空间应做哪些细部处理。

空间是由面围合而成的，一般的建筑空间分别由顶棚、地面、墙面组成（图2-2）。合理处理顶棚、地面、墙面，可以赋予空间特性，有助于加强空间的完整统一与美观性。顶棚和地面是形成空间的两个水平面，顶棚是顶界面，地面是底界面。建筑模型的地面处理比较复杂，需要制作台阶，赋予地面不同材料。顶棚的处理相对简单，然而顶棚和结构的关系比较密切，在处理顶棚时要考虑到结构形式的影响。用于表现内部空间的建筑模型一般不做顶棚，墙面也可以使用透明有机玻璃板来代替，只在地面上布置家具、陈设、地面铺装等物件。

2.1.2　外部创意

外部体形是内部空间的反映。它的形式和组合情况必须符合建筑功能。建筑体形不仅反映内部空间，而且能间接地反映出建筑功能的特点。千差万别的功能才赋予建筑体形以千变万化的形式。

外部空间具有两种典型的形式：一种是以空间包围建筑物，这种形式的外部空间称为开敞式的外部空间；另一种是以建筑实体围合而形成的空间，这种空间具有较明确的形状和范围，称为封闭形式的外部空间。但在现实中，外部空间与建筑体形的关系却并不限于以上两种形式，而是复杂得多。还有各种介于其间的半开敞或半封闭的空间形式。一幢建筑物，无论它的体形多么复杂，也是由一些基本的几何形体组合而成的。只有在功能和结构合理的基础上，使这些要素能够巧妙地结合成为一个有机的整体，才能具有完整统一的效果。

传统的构图理论，比较重视主从关系的处理。一个完整统一的整体，首先意味着组成整体的要素必须主从分明，而不能平均对待，各自为政。传统的建筑，特别是对称形式的建筑体现得更加明显。对称形式的组合，中央区域比两边的地位高，只要善于利用建筑物的功能特点，用特殊手法突出中央区域，就可以使它成为整个建筑的主体和重心。突出主体的方法很多，在对称形式的体量组合中，一般使中央部分具有较大或较高的体量；少数建筑还可以借特殊形状的体量，来达到削弱两边以加强中央的目的。不对称的体量组合也必须主从分明，所不同的是，在对称形式的体量组合中，主体、重心和中心都位于中轴线上；在不对称的体量组合中，组成整体的各要素按不对称均衡的原则展开，因而它的重心总是偏于一侧。

墙面处理不是孤立进行，必然要受到内部房间划分、层高变化以及梁、柱、板等结构体系的制约。组织墙面时必须充分利用这些内在要素的规律性，使之既美观又能反映内部空间和结构的特点。任何类型的建筑，为了求得重力分布的均匀和构件的整齐划一，使承重结构柱网或承重墙沿纵横两个方向等距离或有规律地布置，这将为墙面处理，特别是获得韵律感创造十分有利的条件。窗洞整齐均匀地排列，这种墙面常流于单调。但如果处理得当，同样也可以获得良好的效果。如将窗和墙面上的其他要素有机地结合在一起，并交织成各种形式的图案（图2–3）。有些建筑，虽然开间相同，但为适应不同的功能要求，层高却不同，利用这一特点，可以采用大小窗相结合，一个大窗与若干小窗相对应的处理方法。这不仅反映了内部空间和结构的特点，而且具有优美的韵律感。

图 2–3　模型外观装饰效果图

建筑模型设计中最简单的是建筑外墙，只要根据各立面定好尺寸就可以裁切、组装。最复杂的还是外墙，过于简单的墙体装饰无法满足观众的审美情趣，需要将简单的围合墙体根据设计要求复杂化，局部凹凸、变换材质、增加细节、精致转角都需要在模型中明确体现（图2-4）。

图 2-4 模型外墙饰面图

2.1.3 组合创意

建筑物由多个基本的几何形体组合而成（图2-5），只有在功能和结构合理的基础上，这些要素巧妙地结合成为一个有机的整体，才能具有完整统一的效果。完整统一和杂乱无章是两个对立的概念，体量组合要达到完整统一，最基本的要求就是要建立秩序感，而体量是空间的反映，空间又是通过平面来表现的，要保证有良好的体量组合，首先必须使平面布局具有良好的条理性和秩序感。

图 2-5 模型组合展示图

任何建筑与环境融合，且与周围的建筑共同组合成为一个统一的有机整体时，才能充分显示它的价值和表现力。如果脱离环境而孤立地存在，即使本身尽善尽美，也不可避免地会因为失去了烘托而大为减色。要想使建筑与环境有机地融合在一起，必须从多个方面考虑它们之间的相互影响和联系。

建筑模型中不同空间的组合能弥补单一形体的枯燥，由于模型普遍比实际结构小很多，将不同形体相互穿插，营造出多重转角、过道、露台等，可以更加丰富模型作品（图2–6）。主体建筑与周边环境也要协调一致，道路、绿化、附属建筑甚至可以穿插到主体空间中，与之有机地结合起来。

空间的封闭程度取决于它的界定情况。一般而言有两种体现（图2–7）：第一，四周围合的空间封闭性最强；三面的次之；两面的更次之。当只剩下一幢孤立的建筑时，空间的封闭性就完全消失了。这时将发生一种转化，由建筑围合空间而转化为空间包围建筑。第二，同是四面围合的空间，由于围合的条件不同而分别具有不同程度的封闭感；围合的界面越近、越高、越密实，其封闭感越强；围合的界面越远、越低、越稀疏，其封闭感则越弱。但是把若干个外部空间组合成为一个空间群，若处理适宜，合理利用它们之间的分割与联系。既可以借对比以求得变化，又可以借渗透而增强空间的层次感。此外，如把众多的外部空间按一定程度连接在一起，还可以形成统一完整的空间序列。

图 2–6　模型空间展示图

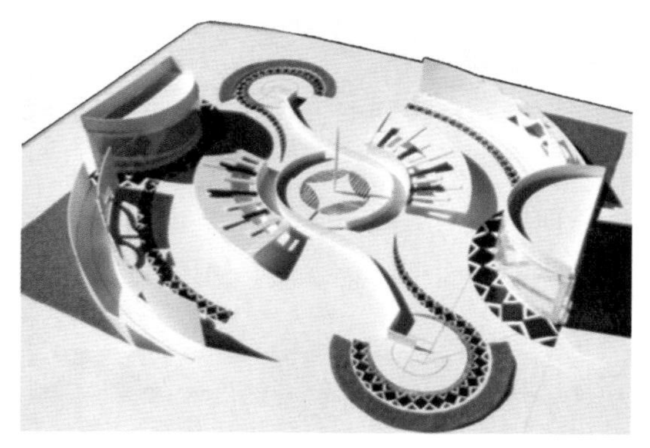

图 2–7　模型空间展现图

2.2　设计要素

建筑模型在实际的建筑工程中是发挥了重要的价值的，它对于我们的实际施工设计来说，提供更多的方向性的指导。正是因为其重要性，我们在进行建筑模型的设计研制时，就需要对相关参数进行周密规划，从而能够在更大程度上保证其优势价值的发挥。主要从以下几个方面考虑。

2.2.1　形体结构

建筑空间的形体多种多样，单凭个人独立思考，很难创造出特异、美观的形体。形体结构的设计应该以建筑功能空间为依据，当空间设计完成后，再进行形体结构美化，使沙盘模型的建筑外观趋于完美。建筑形体结构的创意方法主要有以下三种：

（1）仿生结构

仿生即是仿照自然界的生物形态来创意设计建筑结构（图2-8），从自然界中捕捉能激发设计者创作的东西，例如，花朵、树枝、动物，甚至各种工业产品。同样一件参照物，在不同设计师的眼里都是不同的。将他们的形体特征抽象出来，附着在建筑空间内外，这样重新构成后的建筑具有独特造型。仿生结构的关键在于提炼，将自然对象中能利用的元素吸取出来加以利用，但任何形态都不能影响建筑的使用功能。一般而言，初次创意的形态比较完美，但是要与建筑紧密结合起来，落实到细节上就比较困难。在适当的时候可以牺牲部分形体特征，满足建筑的正常使用功能。

图 2-8　仿生建筑

（2）几何结构

几何形体比较简单，常见的有圆形、方形、矩形、三角形、梯形等，可以将这些几何形体直接运用到建筑形体上（图2-9），例如，建筑平面布置、单元空间、门窗造型等。几何形体在运用时要注意保持完整，随意将整形切割开来再拼接，会造成很牵强的效果。

（3）补美结构

补美（图2-10）就是在创意思维过程中，按照美的规律对尚不完美的对象进行加工、修改、完善，以致重建、重构的创意方法。根据补美的范围、深度不同，补美可以分为添补、全补、特补三类。添补是为对象增添某种成分，使其达到美的协调。全补是对原对象进行彻底改革、全面更新，是一种重构、重建式的整体补美。特补即特别巧妙的补美方法，它以巧制胜，妙趣横生。

建筑模型形体结构一般比较单一，要丰富细节，增加形体构造十分有必要，但是要注意增加的装饰形体，要与原有形体保持和谐统一，不要增添相反的设计风格。

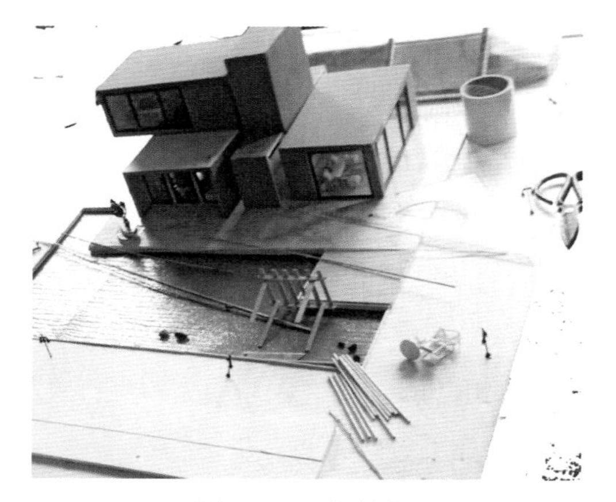

图 2–9　几何结构

图 2–10　补美结构

2.2.2　比　例　尺

建筑模型设计与建筑图纸设计一致，都要具备准确的比例。比例是设计方案实施的依据，也是模型区别于工艺品、玩具的要素。在建筑模型设计之初，就应该根据设计要求、建筑的使用目的、建筑面积定制模型比例（图2–11），现代建筑模型的比例一般分为四种形式。

（1）建筑规划模型

建筑规划模型体量较大，要根据展示空间来定制比例。为了达到表现目的，城市规划模型（图2–12）一般为1：2000～1：3000，能概括表现出城市道路、河流、桥梁、建筑群等主要标识物；社区（图2–13）模型一般为1：800～1：1500，能清晰表现出建筑形体和道路细节；学校（图2–14）、企事业单位、居民小区规划模型一般为

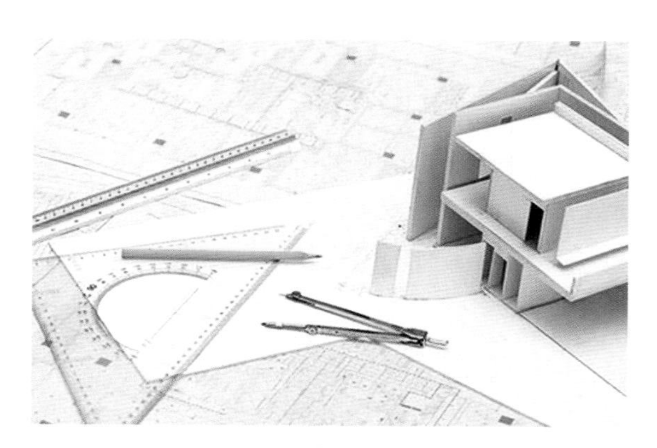

图 2–11　建筑模型比例

图 2–12　城市规划

图 2–13　社区规划

图 2–14 学校规划

1：500～1：800，能细致表现出建筑形体和各种配饰品。

（2）建筑外观模型

建筑外观模型（图2–15）重点在于建筑的外部形体结构与色彩材质的表现，是体现建筑设计的最佳方式。建筑外观模型也要根据自身尺寸来定制。高层建筑、大型建筑、连体建筑、群体建筑一般为1：100～1：300，能准确表现出建筑的位置关系；低层建筑、单体建筑一般为1：100～1：200，能清晰地表现出外墙门窗和材质的肌理效果；小型别墅、商铺建筑一般为1：50～1：100，能细致表现出各种形体构造与装饰细节。

（3）建筑内视模型

建筑内视模型（图2–16）主要适用于住宅、办公间、商店等室内装饰空间，尺寸比例一般为1：20～1：50；单间模型可以达到1：10，能细致表现出墙和地面的装饰造型、家具、陈设品等。

（4）建筑等样模型

建筑等样模型的比例即为1：1，用于模拟研究建筑空间中的某一局部构造，各种细节均能表现出落成后的面貌。建筑等样模型的制作比较复杂，一般很少实施。

图 2–15　建筑外观模型

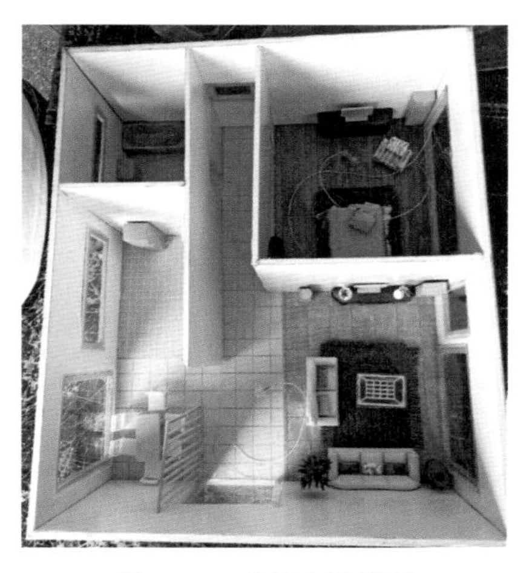

图 2–16　建筑内视模型

2.2.3　色　　彩

建筑模型的色彩与形体配合（图2–17），能够表现出建筑的性格。一般而言，住宅建筑色彩丰富，能激发人们的生活热情；商业建筑色彩沉稳、对比强烈，能体现出现代气息。建筑模型要营造设计者所需的精神氛围，需要在色彩上加以展现。

图 2–17　模型白与灰色彩搭配

（1）白色

白色纯净，适用于表现概念模型或规划模型中非主体建筑。在适当的环境中，将注意力迅速转移至模型的形体结构上，从而忽略配景的存在。

当周边环境为有色时，白色可以用于主体建筑，起到明亮、点睛的装饰效果。在复杂的色彩环境中，白色模型构件穿插在建筑中间，显得格外细腻、精致。

（2）浅色

浅色是现代建筑的常用色。主要包括浅米黄、浅绿、浅蓝、浅紫等，都是近年来的流行色，主要用于表现外墙。在模型材料中，纸张、板材以及各种配件均以浅色居多。

（3）中灰色

中灰色适用于现代主义风格的商业建筑，给人低调、稳重的感受。常用色包括棕褐、灰、墨绿、土红等。中灰色系一般要搭配少量白色体块和银色金属边框，否则容易造成沉闷的感觉。

（4）深色

深色一般用来表现建筑基础部位，例如，首层外墙、道路、山石、土壤等。常用色有黑、深褐、深蓝、深紫等。在某些概念模型中（图2-18），深色也可以与白色互换，同样也能起到表现形体结构的作用。

图 2-18 模型色彩搭配

2.2.4 材 质

材质即材料与质地。建筑模型通过模型材质来表达建筑肌理、质感，它是建筑模型进一步升华的表现。

（1）粗糙

粗糙的材质（图2-19）主要用于表现草地、砖石墙体、瓦片等，可以采用草皮纸、PVC成品板材，它的浑厚可以配合深色底纹来表现建筑的重量感。

（2）光滑

建筑模型一般是建筑实体的缩小版，外表光滑能表现它的精致，也是干净、整洁的象征。光滑的模型材料种类丰富（图2-20），分为高光材质和亚光材质。一般高光材质适用于建筑模型装饰边框和局部点缀。

图 2–19　粗糙材质

（3）透明

透明材质（图2–21）适用于建筑门窗和水泊的表现，主要有透明胶片、有机玻璃板等。质地分为透光、有色和磨砂等多种。使用透明材质时，须安装平整，稍有弯曲则会产生明显的凹凸。

（4）反射

反射材质适用于表现建筑模型中的反射金属、镜面等装饰构件，主要有有色反光即时贴、玻璃镜面等。反射材质尽量少用，只作装饰点缀。

2.2.5　配　　饰

在设计建筑主体的同时，要对周边环境进行配置。建筑模型中的环境氛围一般通过

图 2–20　光滑与反色材质

图 2–21　透明材质

配景陈设来表现，例如，树木、绿地、道路、水泊、围墙、景观小品、人物、车辆、配套设施等。这些物件的选用，要根据模型的自身特点与形态来搭配。

概念模型（图2-22）主要表达空间关系和形体大小。周边环境起点缀、强化主体建筑比例的作用，因此在设计中可以尽量简化。

图 2-22　概念模型

商业展示模型主要表现陈设。为了展现丰富的视觉效果，环境氛围的设计要加大力度。商业建筑（图2-23）周边还要制作附属建筑、市政设施、人物与车辆的数量，体现出繁荣昌盛的面貌。

住宅建筑周边需要增加绿地、水泊、景观小品、休闲设施等配件，保证绿地面积是重点，体现出温馨典雅的生活环境（图2-24）。

图 2-23　商业模型

图 2-24　住宅模型配饰效果

文化建筑（图2–25）周边要预留广场、喷泉的位置，保证集会活动能顺利进行。

树木（图2–26）、人物、车辆是建筑模型重要的装饰配景，在布置时需分清主次。树木要以道路为参照，分布在道路两侧与绿地中；低矮的植物呈序列状摆放，高大、特异的树木要保持间距。人物布置以建筑模型的出入口为中心，逐渐向周边扩展，营造出良好的向心力，体现出建筑模型的重要地位。车辆布置要了解基本交通规则，以行车道与停车场为依据摆放，路口分布密度稍大，桥梁、道路中端分布稀疏。

图 2–25　文化建筑

图 2–26　植物配饰效果

2.3　可行性论证及分析

2.3.1　模型设计与制作的重要性

模型设计与制作是设计类专业（景观设计、城市规划、建筑设计、环境设计、工业设计、室内设计等）的一门非常重要的专业实践课程。一个优秀的设计必须经由一套完整的设计程序，而模型制作与展示在很多设计项目中已经成为必不可少的环节。优秀的设计师不会将设计停留在图纸上，而是通过模型制作的亲身体验（图2–27），严谨求实地把握设计的每个细节，为设计工作和付诸实施打下坚实的基础。

图 2–27　模型效果图

现代主义理论的重要奠基人之一，德国著名建筑师瓦尔特·格罗皮乌斯认为：“设计师的教育必须经过实际的工艺训练，熟悉材料和工艺程序，系统研究实际项目的要求与问题。”他在《艺术与技术家在何处相会》一文中明确写道：“物体是由它的性质决定的，如果它的形象很适合它的用途，它的本质就很明确。一件物品必须在它的各个方面都与它的目的性相配合”。也就是说，作品设计在实际中能够完成它的功能，那么就是可用的，是可信赖的，并且是符合实际需要的。由此可见，他对设计师能够亲身参与具体的设计实践中给予了高度的评价，这对后来的包豪斯体系实践教学产生了深远的影响。

在具体的设计过程中，设计师遇到的最大困难就是将设计创意转化为作品。要么是好的设计由于不符合实际条件而“胎死腹中”无法实现;或者是设计虽然转化为作品了，但可能或多或少存在美中不足的问题，或者是在设计工作完成后仍然还有很多问题被忽视。造成这样结果的原因是多方面的，也可能是因为在设计推敲与评估的过程中细化工作做得不够。

模型设计与制作的目的，培养设计师在制作仿真模型的具体实践中体验设计，发现问题并及时改进，使设计方案更合理完善。优秀的设计师必须具有制作模型和通过模型进行判断和评价设计效果优劣的能力。

2.3.2 分析与计划

在模型制作前，必须明确模型制作的目的和要求。在充分体会方案设计理念、明确表现目标的基础上，再着手制订一份详细、全面的模型制作计划。

（1）模型的类型

分析它是一个概念模型、扩展模型，还是终结模型？

分析扩展模型是否在此之后会被加工成为终结模型或展览模型？模型是否具有可变性？是否允许调整和修改？

（2）模型展示重点

模型描述什么？

研究和推敲什么？哪些是设计思想表现的重点？

（3）模型制作文件

模型制作的所有参考文件是否齐全（平面图、剖面图、立面图）？

模型建筑的制图是否可以依此实施？

设计方案是否符合制作技术的可能性？工具、机械是否齐全？

（4）模型比例

模型以何种比例制成？

（5）模型材质

选择哪一种材质？它是否符合设计主题？

（6）模型制作进程

模型制作的进程明细表是否已完成？模型制作进程时间表是否合理？

（7）模型包装与运输

模型如何包装及运输？最大的限制尺寸是多少？模型是否需要被分解运输？

2.3.3　制定方案

模型在不同阶段有不同的制作要求，同一个方案所使用的材料、结构和制作方法也有所不同。根据任务的要求以及通过前期计划，书面拟定出切实可行的制作方案，包含底盘的制造，地形建立，绿地、交通与水面的制造，建筑物的制造，周围环境的铺设，防护罩、包装以及时间、人员的组织安排等（图2–28）。

设计方案最初的概念草模阶段的制作：一般使用方便快捷的材料、工具，利用简单的工艺，对方案的整体关系进行表述；或者用专业软件（如草图大师）制作电子模型，对方案的整体关系进行表述。一旦整体关系建立，概念草模阶段（图2–29）也就结束了。

图 2–28　方案讨论、制定

图 2–29　概念草模

概念草模阶段的设计制作，针对设计之初的原始形态给予充分的整体表述，如使用模型板材反映面和体量的关系，以雕塑泥进行自由曲面的体块感的表达。体块结构多用塑料、泡沫、木块或黏土材料，可以快速有效地反映形体外部的整体与局部的关系。

在扩展模型设计（图2–30）的过程中，以进一步推敲设计方案和有针对性地解决问题为出发点。这一阶段可以粗略地分为三大类工作模型：

（1）以展现外观形体为主的形态工作模型。

（2）以分析建筑功能或其他关系的分析工作模型。

（3）以展现内外部构造和空间分配关系的剖断面模型。如支撑关系、体量关系、路线关系等。因而这一阶段的模型所呈现出的形态也是多种多样的。

扩展模型是推敲设计构思，探讨与修整设计方案（图2–31），使设计方案更加完善。其框架结构制作多用木质、金属、塑料的线形材料反映内部构造以及建筑的支撑关系（图2–32）。

图 2–30　扩展草模

图 2–31　设计方案

在终结模型阶段（图2–33），设计方案已经确定，建筑模型起到表现设计方案的作用。模型的表现手法通常以写实的手法为主。另外，根据设计师的设计理念，还有一种偏重设计构思的理念表现性做法，这类模型的表现相对抽象和意象，与写实的表现相比更加富有审美情趣。

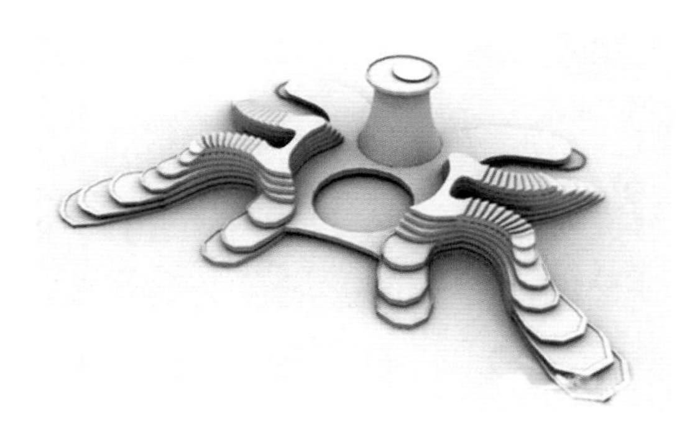

图 2–32　扩展模型

图 2–33　终结模型

思考与练习

1．建筑模型创意分几类？怎么创建模型空间？
2．建筑模型设计元素包含哪些？
3．怎样制定模型比例？
4．建筑模型设计常用颜色有哪些？
5．建筑模型材质有什么特点？
6．怎样安排模型的配饰物件？

模块三　建筑模型比例设计

教学实施方案

【学习目标】

通过对建筑模型比例设计的学习，对模型的精确计算比例、图纸绘制等有感知认识，为进一步学习模型制作打下基础。在本模块中，通过对建筑模型的精确计算比例、制图形式、比例标注、外观效果等内容的认识与学习，能够准确把握建筑模型精确计算比例，准确把握模型制图形式与比例标注，能够熟练应用模型比例缩放技巧。

【学习任务】

1．掌握建筑模型的精确计算比例。
2．掌握建筑模型比例缩放技巧。
3．熟悉制图形式、比例标注。
4．熟练绘制建筑模型制作图纸。

【工作任务分解】

工作任务分解见表3–1至表3–2。

表3–1　精确计算比例

内容、步骤	职业技能及方法	学习知识点	考核点
精确计算比例	掌握建筑模型精确计算比例	了解建筑模型精确计算比例	建筑模型精确计算比例

表3-2　图纸绘制

内容、步骤	职业技能及方法	学习知识点	考核点
图纸绘制	掌握建筑模型图纸绘制	熟悉建筑模型制图形式、比例标注、外观效果	建筑模型图纸绘制

3.1　精确计算比例

成功的模型作品，必须要有准确的尺寸与适当的比例。比例是指图纸、模型、实体三者间相对应的线性尺寸之比，即长度之比。模型比例的选用主要根据图纸的用途、被描绘对象的复杂程度和模型的大小而定。建筑实体尺寸越大，选用的比值就会越小。目测比例主要靠观察与比较来进行训练，缩放比例可以根据比值来计算，如设计图纸与建筑实体比例为1∶200，模型制作比例与建筑实体比例要求为1∶100，模型与图纸尺寸间的比值即为2（200∶100），计算时可用设计图纸上的线性尺寸×比值，即得模型的实际尺寸。

模型比例是指建筑实体和建筑模型间尺度数的比值。模型尺度数是建筑实体尺度数的倍数，可以按照多种比例进行制作。制作比例可以根据以下几种因素确定。

（1）建筑工程规模

模型的大小取决于实际建筑物的大小或是场地的大小，还要考虑可以利用的工作空间的大小。

（2）研究对象的类型与用途

模型的大小和比例取决于研究对象的类型与用途，例如，概念表达、成品展示、内部细节等。

（3）细节处理的程度和水平

模型的比例取决于表现对象细节处理的程度。扩大模型比例的一个主要因素是表现更多的细节。一个按比例扩大的模型，如果没有精致的细节表现，就会显得表现力不足。因此，在较小的模型上运用构思精彩的细节，比起建造没有足够细节的大模型更有说服力。

（4）比例选定

在模型制作过程中，可以通过保持组件之间的相对比例，而不使用实际比例进行模型制作。在模型建好之后，可以给其标注一个恰当比例，在小概念模型研究上，这种方法用得较多且较实用。

由于模型的比例涉及它的面积、精度、花费等要素，很难对其提出统一的要求。一般情况下：区域性的都市模型，常用1：1000～1：3000的比例；群体性的小区模型，常用1：250～1：750的比例；单体性的建筑模型，常用1：100～1：200的比例；别墅性的建筑模型，常用1：5～1：75的比例；室内性的剖面内部构造模型，宜用1：20～1：45的比例。

制作表现模型需绘制适合制作的建筑图纸。业主提供的建筑图纸往往不能直接用于制作模型，需经缩放后才能成为符合模型制作比例的图纸。模型制作图的缩放也可以通过应用三棱式比例缩放，或利用复印机进行缩放。缩放时，可以将原有的建筑设计图适当简化，突出模型主体的重点部分即可。

3.2 图纸绘制

图纸绘制是建筑模型设计与制作过程中非常重要的环节，它是设计师与制作员之间的沟通工具，也是提高建筑模型质量的重要保证。如果在设计过程中对模型的拼接有疑问，可以先用一些容易切割的材料来快速制作一个简易模型，以协助分析。建筑模型制图不同于建筑制图，它具有以下特点。

3.2.1 制图形式

模型设计图纸要按照《建筑制图标准》GB/T 50104—2010准确绘制。由于模型设计比建筑方案设计简单，一般只绘制模型的各个立面图；内视模型与结构模型须增加内部平面图、立面图、剖面图；特殊情况下，还要绘制细部节点详图、透视图或轴测图，来讲解形体构造（图3-1）。此外，建筑模型的制图形式可以用AutoCAD绘制线型图，还可以增加色彩与材质，获得最直观的表现效果。

3.2.2 比例标注

建筑模型通常会按照比例缩放，在尺寸标注上要注意与模型实物相吻合。为了方便制作，标注时要同时指定模型与实物两种尺寸，图纸幅面可以适度增加，如果条件允许，还可以作1：1制图（即图纸与模型等大），这样能够减少数据换算，提高工作效率。在材料与构造的标注上，也应作双重标注，即标明模型与实物两种用材的名称。在制作

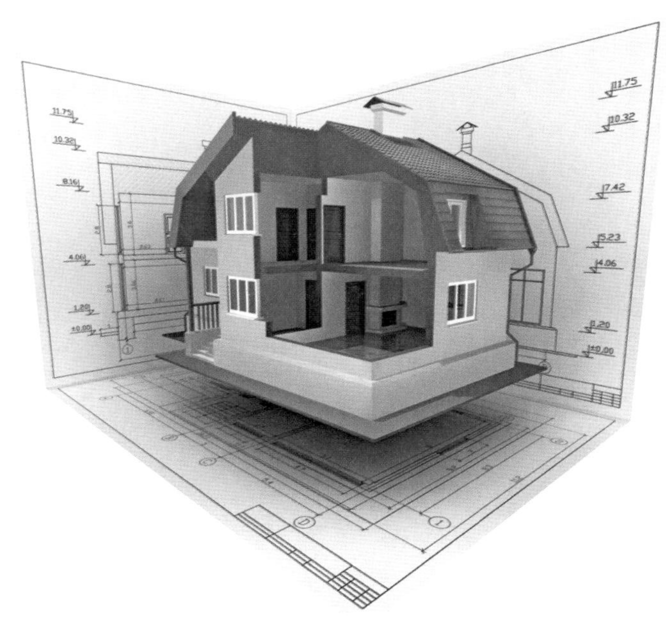

图 3–1　图纸绘制

过程中，可以不断地比较、修改、完善，以达到最佳制作效果。

3.2.3　外观效果

模型制图最终是用于模型加工制作。在形体构造复杂的情况下，需要绘制细部节点详图、透视效果图或轴测效果图。然而，模型效果图不同于建筑方案表现效果图，形体结构、色彩、周边配景、点等要素只要表明尺度、材料、色彩搭配即可。此外，可以选用更方便快捷的制图或模型制作软件来完成，便于模型设计随时修改。

思考与练习

1. 建筑模型制作比例可以根据哪几种因素确定?
2. 建筑模型图纸绘制的要求是什么?

模块四　建筑模型形体设计

教学实施方案

【学习目标】

通过对建筑模型手工制作方法的学习，掌握并运用模型制作的要领；了解建筑模型制作的工艺与流程；掌握构思建筑模型形体结构的构思方法。

【学习任务】

1. 学习手工模型制作的常用方法。
2. 学习模型制作的工艺步骤。
3. 学习构思建筑模型的形体结构。

【工作任务分解】

工作任务分解见表4-1至4-3。

表4-1　创新制作手法

内容、步骤	职业技能及方法	学习知识点	考核点
不同模型制作的常用方法	掌握模型制作的常用方法	深入了解模型制作的分类与方法	不同类型建筑模型的制作

表4-2　模型制作的工艺步骤

内容、步骤	职业技能及方法	学习知识点	考核点
建筑模型制作的基本工艺	掌握建筑模型制作的工艺步骤	学习模型制作的流程和工艺方法	模型制作的具体工艺

表4-3　建筑模型形体结构的构思

内容、步骤	职业技能及方法	学习知识点	考核点
构思模型形体结构	掌握建筑模型形体结构的构思方法	熟悉建筑模型的比例及形体的构思方法	构思建筑模型的形体结构

4.1　创新制作手法

每一位梦想成为优秀建筑艺术师的人必备的一个非常重要的先觉条件就是拥有创新能力，历史上很多建筑艺术大师，他们不仅基础扎实，学识渊博，而且才华横溢，拥有丰富的创意和高超的制作水平。法国建筑艺术大师勒科布西耶，他的作品虽然不多，但他设计的“朗香教堂”就足以说明他是一位有超凡设计能力的建筑艺术大师。而这一设计创意是需要理论联系实际，打好基础，运用到建筑设计的每一个环节中。在建筑模型制作中，将创意发挥出来，才能更好地学习和掌握建筑模型的专业知识和制作手法。

4.1.1　卡纸建筑模型制作方法

普通卡纸是一种质地相对较软的材料，可塑性相对也较好，但不足之处是不能用它来塑造大体量的建筑模型。所以，通常情况下，只用它制作小型建筑模型及配景，或制作缩小几十倍的建筑群体（图4-1）。

图 4-1　卡纸建筑模型

4.1.2 木质建筑模型制作方法

这里的木质建筑模型主要是指用普通松木板和夹板类板材制作的木质建筑模型（图4–2）。用木板材制作，需要拥有一定的木工技术基础，要有较好的动手能力。加上较好的创意，才能制作出一个更好的木质建筑模型。木质建筑模型较前者来说，难度较大，我们要通过确定设计方案，精心挑选板材等环节逐步展开。其中，板材的选择是比较重要的，一般来说，木质的建筑模型大多数会保留其木本色，用木本色制作出来的建筑模型会给人带来一种亲切感；再者，木板本身的纹理和色彩也会给木质建筑模型带来特殊效果。在木材选择上，要特别注意木质的色调、纹理、品质和可塑性。

图 4–2 木质建筑模型

4.1.3 综合材料建筑模型制作方法

现如今的建筑模型大部分都是采用综合材料制作而成的。因为用综合材料制作建筑模型，在很大程度上能满足设计者在设计和制作建筑模型过程中的不同要求，能够做到最大限度地体现设计者的创意理念，能运用不同的材料特性来塑造和制作建筑模型中各种效果。如图4–3所示，建筑模型中的建筑物墙体是用卡纸制作的，而窗户玻璃是用薄塑料片制作的，建筑物周围的树木是用竹条和纤维棉等材料制作的等。这都体现了综合材料制作建筑模型的优越性，它的表现力及手段都是极为丰富和多样的。综合材料模型制作较前面两者都要复杂得多，对材料的性能了解要更全面，技术含量更高。对于任何一个建筑模型的制作，都离不开精雕细刻的工艺和优秀的设计方案，只有精心设计的制作才能呈现好的作品。

图 4-3　综合材料建筑模型

4.2　严谨的制作工艺

建筑模型制作是一种理性化、艺术化的制作。它要求模型制作人员要有丰富的想象力和高度的概括力，还要熟练地掌握建筑制作的基本工艺。只有这样才能通过理性的思维、艺术的表达，准确而完美地制作建筑模型。

4.2.1　绘　　图

根据AutoCAD设计图（平面图、立面图、剖面图、大样图等）资料绘图，根据项目总图及模型要求设计模型具体制作面积、比例、材料选用等（图4-4）。

4.2.2　雕　　刻

根据建筑绘图文件，运用精雕机和激光机切割、雕刻各种规格墙体、门窗、阳台、栏杆、瓦面、装饰线角、罗马柱、浮雕、精美图案等造型结构（图4-5）。

图 4–4　绘图工作

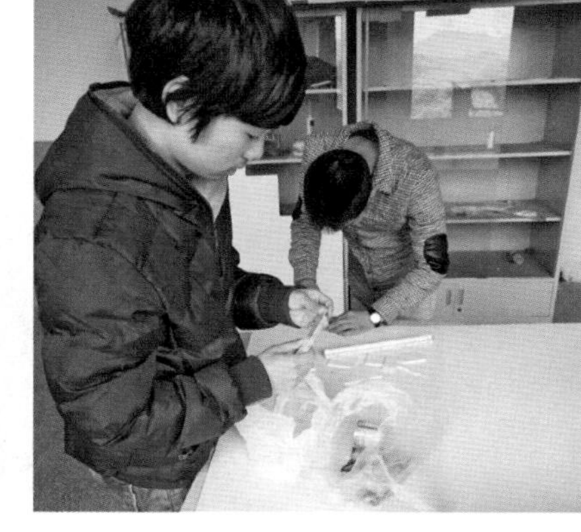
图 4–5　雕刻工作

4.2.3 拼　　装

建筑工艺师整理清洁好雕刻建筑墙体材料，按图纸对料拼装，采用溶解性氧化无缝粘接工艺，并经过多次打磨、水磨，确保接口无缝且高度平整（图4–6）。

4.2.4 喷　　漆

外墙面经抛光、亚光及各种不同工艺喷塑处理，再经车床、铣床勾缝切割，塑造花岗岩、面砖等仿真效果，纹理逼真、色彩亮丽、图案精美（图4–7）。墙面严格按照贵司提供的色板和现场实景，采用进口高级油墨喷塑，确保色彩与实物一致，体现主体现代建筑理念。

图 4–6　拼装工作

图 4–7　喷漆工作

4.2.5　组　　装

墙体颜色区分完毕后，工艺师根据建筑图纸对建筑所有细节配件进行组装，如门窗、阳台、栏杆、装饰线角、台阶等装饰粘接（图4-8）。

图 4-8　粘接工作

4.2.6　布局灯光

光电工艺师根据建筑内部空间，先行设计好灯光盒、建筑结构及建筑风格，设计黄、白暖色系LED灯，可设计遥控式、固定式电源控制系统，建筑灯光可按动态、静态、间歇式等控制要求设计。

4.2.7　清　　洁

经过多道工序完成整个建筑环节后，最后对建筑模型进行细致检查与清洁，确保模型无胶痕、无配件脱落、无磨损等，力保所有建筑作品质量更高。

4.3　形体结构

按照设计图纸的要求，确定好范围及比例关系，明确模型的表现目的。确定好建筑模型的平面图、立面图、剖面图，清楚图纸数据。然后运用各种制作施工工艺，按比例获得精确的体型，制成的模型可以直接得到与建筑物相关的尺度感甚至精确尺寸。在进行模型主体设计时，要把握好模型的总体关系，如风格、造型、整体色调。

4.3.1　比例的设计构思

比例一般根据建筑模型的使用目的及建筑模型面积来确定（图4-9），例如，单体建筑及少量群体建筑组合应选择较大的比例，如1：50、1：100、1：300等;大量的群体建筑组合和区域性规划应选择较小的比例，如1：1000、1：2000、1：3000等。

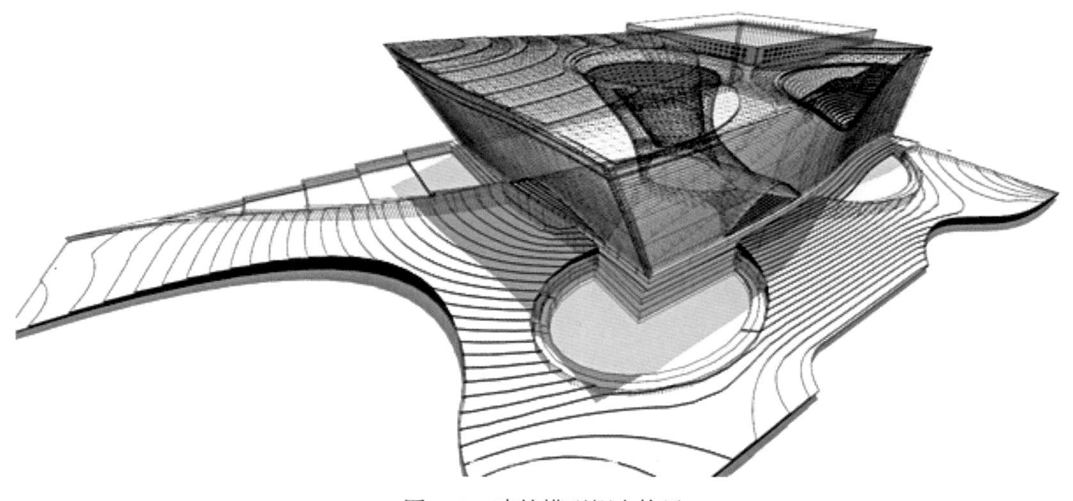

图 4-9 建筑模型概念构思

4.3.2 形体的设计构思

真实建筑缩小后在视觉上会产生一定的误差，一般来说，采用较小的比例制作而成的单体建筑模型，在组合时往往会有不和谐之处，应适当地进行调整。从概念模型到工作模型的过程，是对地形及建筑形体的推敲构思（图4-10），对于小误差，可采用合并、挖切、堆砌、填充等方法修整。

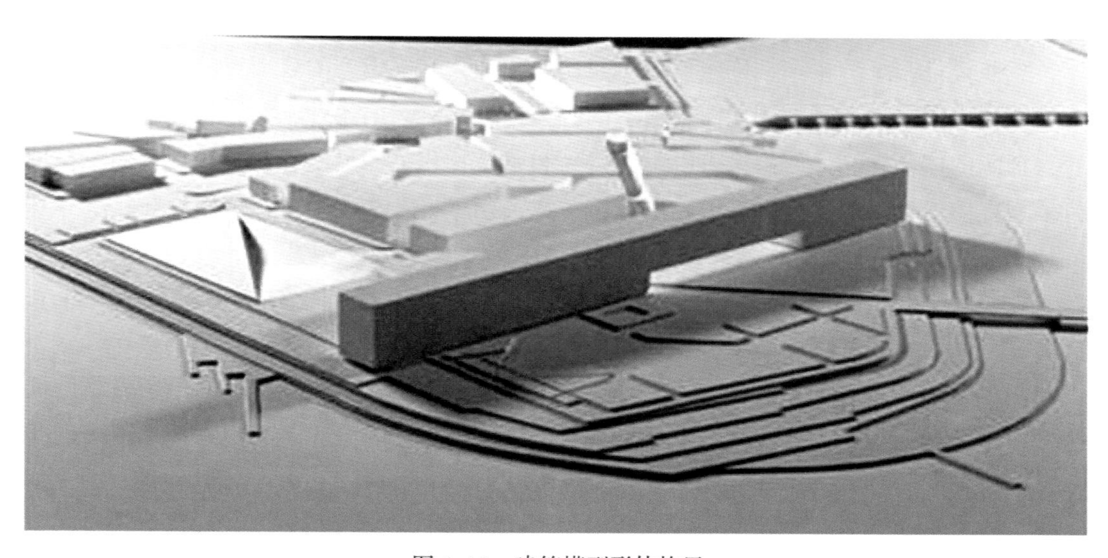

图 4-10 建筑模型形体构思

思考与练习

1. 总结模型制作的创新手法。
2. 简述建筑模型制作的工艺流程。
3. 分组进行建筑模型的形体构思，完成设计说明。

模块五　模型色彩设计及处理

教学实施方案

【学习目标】

通过对色彩基本构成原理的学习，掌握色彩在建筑模型中的运用；学习涂饰材料的种类，掌握贴饰工艺基本流程。

【学习任务】

1. 掌握色彩的基本构成原理及色彩在建筑模型中的运用。
2. 掌握涂饰材料的种类。
3. 学习贴饰工艺基本流程。

【工作任务分解】

工作任务分解见表5-1至表5-3。

表5-1　建筑模型中的色彩配置

内容、步骤	职业技能及方法	学习知识点	考核点
色彩的基本构成原理	掌握色彩在模型中的运用	色彩的基本构成，模型中色彩的配色方案	色彩在模型中的运用方法

表5-2　建筑模型的涂饰材料

内容、步骤	职业技能及方法	学习知识点	考核点
建筑模型的涂饰材料分类	掌握涂饰材料的分类及运用方法	学习根据主体材料的不同选择不同种类的涂饰材料	涂饰材料的种类

表5-3　建筑模型中贴饰工艺的基本流程

内容、步骤	职业技能及方法	学习知识点	考核点
贴饰工艺的基本流程	掌握建筑模型的贴饰工艺制作方法	学习贴饰工艺的粘接、打磨、喷涂的方法	贴饰工艺的基本流程

5.1　色彩构成原理及设计

5.1.1　色彩的基本构成

普通色彩中的三原色（图5-1）、三间色、六复色是建筑模型色彩构成的主要颜色。原色是指一次色：红、黄、蓝。其纯度高，是调制其他颜色的基本色。

图 5-1　三原色图谱

间色又称为二次色，是由两种原色等量相加调配而成。纯度低于原色，其中：黄+红=橙，黄+蓝=绿，红+蓝=紫，这三种颜色称为三间色。

复色又称三次色，是由原色和间色不等量相加调制而成，所以纯度低于原色和间色，复色共有六色：黄橙、红橙、蓝紫、黄绿、红紫、蓝绿、这六种颜色称为六复色。

上述的三原色、三间色、六复色再通过等量与不等量相加，又派生出调和色、对比色、补色，构成建筑模型色彩表现的基本色（图5-2）。

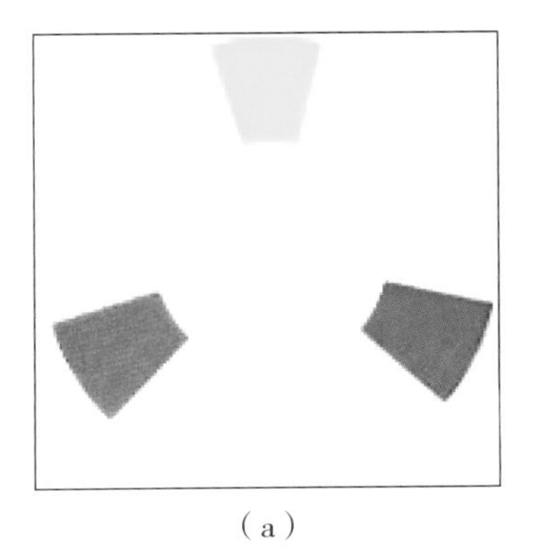

（a）

（b）

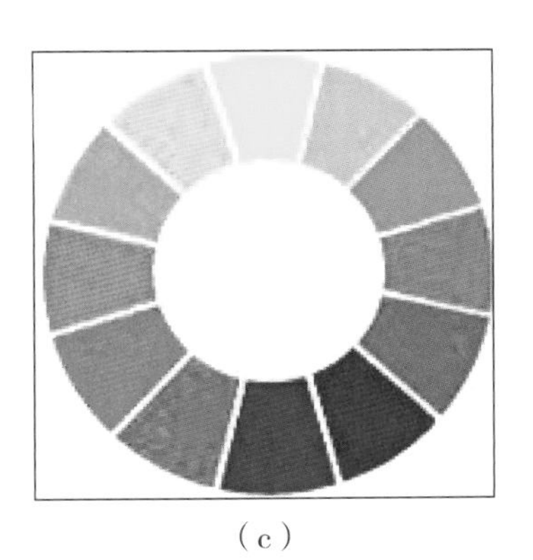

（c）

图 5-2　十二色相环

（a）三原色（红、黄、蓝）　（b）三间色（橙、绿、紫）　（c）复色

5.1.2 色彩在建筑模型制作中的运用

在现实世界中，人们对色彩美的视觉反应是最强的，甚至超过了对形体的认识。在建筑模型的表现中，对色彩的表现要注意以下几点：

（1）处理好整个模型底盘的色调，拟定好主色、配色、对比色的色相、明度、纯度以及面积大小、比例关系，使模型主体和底盘成为一个和谐的整体。

（2）对建筑模型材料或者半成品的模型色彩进行合理搭配，使之与模型色调相配合，使模型周围的景观对主体建筑起到很好的衬托作用。

（3）用人工的办法对自制模型进行喷涂色彩的处理，使其效果更为突出。

色彩的应用也要结合模型的功能考虑，一般教学环节中的设计分析模型多采用灰色系的材质，追求色彩的统一性；而展示模型则多考虑色的对比，用色彩的对比来增强视觉冲击力。

如果模型利用黑、白、红、黄四种颜色进行对比，不仅可以表现出色彩的对比关系，还能体现材质的对比之美。色彩运用要在整体中求变化，应有主次之分，不宜平均对待。另外一种是模型呈现出暖色调，模型整体色调和谐，在统一中体现了细节的变化。

5.2 涂饰材料

涂饰材料是建筑模型制作仿真效果的重要材料。在建筑模型制作仿真色彩效果时，除了部分型材，大多利用漆类作面层处理。目前，市场上漆的种类很多，我们对每种漆的特性要了解，才能做出合理的选用。

（1）自喷漆

自喷漆（图5–3）为灌装漆，罐体外部标有颜色色标。使用时无须配置喷漆设备，该类自喷漆有普通漆、金属漆、光油等。具有干燥速度快、操作简便、色彩种类多等特点，是建筑模型制作面层仿真色彩效果的首选材料。

（2）醇酸调和漆

醇酸调和漆（图5–4）是由醇酸树脂、颜料、催干剂及有机溶剂等制成，醇酸调和漆为桶装类油漆。目前市场上，该漆可以利用电脑进行色彩的调配，大大提高色彩选择的范围。涂装时，采用手工刷涂、空气喷涂工艺均可。该漆价格低，漆膜干燥速度慢，面层效果较好。

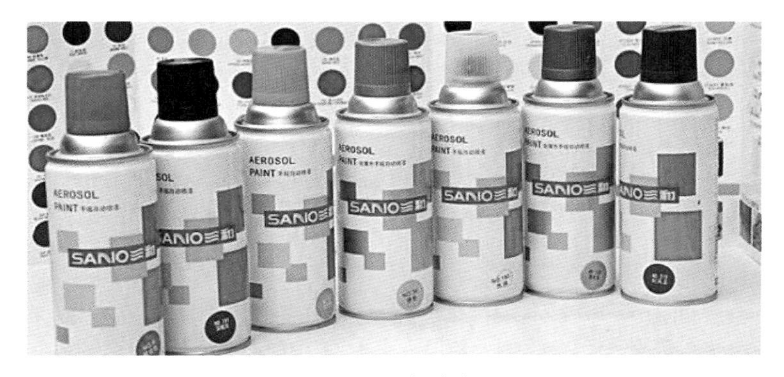

图 5-3　自喷漆

图 5-4　醇酸调和漆

（3）硝基磁漆

硝基磁漆（图5-5）是由硝化棉、醇酸树脂、颜料、增塑剂及有机溶剂等制成。硝基磁漆为桶装类油漆。目前市场上，该漆可以利用电脑进行色彩的调配，大大提高色彩选择的范围。在涂装时，以空气喷涂工艺为主，该漆价格适中，漆膜干燥快，面层效果好。

（4）聚酯漆

聚酯漆（图5-6）是由改性聚酯树脂、多异氰酸酯、固化剂、有机溶剂组成的多组分厚质漆，其为桶装漆。目前市场上，该漆可以利用电脑进行色彩的调配，大大提高色彩选择的范围。在涂装时，要以空气喷涂工艺为主。该漆价格较高，漆膜干燥速度比醇酸调和漆快，比硝基磁漆慢，面层效果好。

（5）玻璃透明油漆

玻璃透明油漆（图5-7）由色精、透明剂、硬化剂、稀释剂组成。玻璃透明油漆为桶装漆。使用时，需要根据颜色需求进行相互混合，可以随意调节浓度，可采用手绘或喷涂的方式操作。油漆干燥时，常温固化或烘烤均可，干燥后涂层饰面独特靓丽，晶莹剔透，是透明体造型面层色彩涂装的材料。

图 5-5　硝基磁漆

图 5-6　聚酯漆

图 5-7　玻璃透明油漆

（6）模型专用漆

模型专用漆（图5-8）为瓶装类面漆。此类漆在模型专用漆店有售，是进口产品。该类漆价格高，适用于小面积使用。使用时需配置喷笔成小型专用喷漆设备。该类漆干燥速度很快，面层效果好。

（7）丙烯颜料

丙烯颜料（图5-9）是一种水性颜料。该颜料使用简便，干燥速度快，附着力强，但颜色覆盖力差，面层效果与漆面效果一般。适用于小面积及划痕擦色时使用。

总之，涂饰材料的选用非常重要，它直接影响最终的制作效果。各类漆的价格、性能、使用要求各异，学生在具体选择时，要根据具体制作效果、预期效果进行综合考虑。

图 5-8　模型专用漆

图 5-9　丙烯颜料

5.3　涂饰工艺

5.3.1　贴饰工艺中胶黏剂的分类

建筑模型中当所有材料前期工艺都完成后，需要用胶黏剂将它们组合起来（图5-10），不同材料需要使用不同的胶黏剂。

① 白乳胶：用于纸板类材料的粘接。

② UHU胶：德国产的模型胶，干燥速度和黏合性能都比白乳胶要好。

③ 自喷胶：适用于黏合面积较大的材料，如制作模型底盘和草坪时，就可以选用喷胶来粘接，它喷出的胶成雾状，也比较均匀。

④ 三氯甲烷：适用于塑料板材类的黏合。但因为三氯甲烷有较强的腐蚀能力，而

且腐蚀速度很快，在黏合时，要避免触碰到泡沫塑料、KT板等材料。

图 5-10　粘接工作

5.3.2　喷涂工艺

建筑模型色彩喷涂是以空气压缩机、喷枪为主要加工设备，以漆料为成型材料来完成二次成色。该工艺为手工操作，利用压缩空气的气流，将喷枪储料罐内已调配完成的漆料以负压形式吸入喷枪喷嘴，通过旋转气流将漆料雾化，以正压的形式经过喷枪喷嘴将漆雾喷射到被涂饰物的面层上，形成均匀的色彩涂饰面层。

面层喷涂在建筑模型色彩表达中的利用不仅能快捷地形成多色彩、多质感的色彩面层，而且还能弥补成型过程中形成的缺陷。喷涂工艺主要分为几道工序：

（1）喷涂前的准备工作

喷涂前的准备工作分为两个部分，首先是对喷涂设备进行调试，着重检查气动系统，同时在喷枪储料罐里加入稀释剂，清洗喷枪。其次是了解漆料的特性，根据不同类型的漆料调配稀释剂、固化剂等组分的配比，然后对漆料进行充分搅拌，使漆料充分混合。这两个准备工作直接影响到工艺的实施与色彩面层成型后的质量。

（2）一次打磨

一次打磨是喷漆前对已成型的建筑模型体、面，特别是接缝处和明显工艺缺陷进行修整的过程。

（3）喷涂底漆

喷涂底漆（图5-11）是漆面形成的第一遍漆。同时也是漆面形成很重要的一遍漆。它要求均匀、强力地附着在被喷涂体面上。底漆一般选择与面漆同系列的白色漆，白色底漆不会影响任何面漆的色相色度，使色彩达到预想效果。

图 5-11　喷涂底漆工作

（4）面层缺陷修补

面层缺陷修补是底漆成型后很重要的一次修补过程。一般对于材料表面轻度划伤形成的缺陷，可以用底漆喷涂利用油漆的流平性自动修补。这种面层缺陷修整主要采用刮涂腻子方式进行填补修整，修整后通过打磨基本可以弥补上述工艺缺陷。

（5）喷涂中间涂层

喷涂中间涂层是漆面形成的又一个重要过程。该过程主要是满足漆膜成型厚度要求，在喷涂中间涂层时，要选用与面层同系列的中间涂层漆，也可用面漆进行喷涂。根据油漆种类的不同，一般喷涂2～3次可达到漆膜成型厚度。另外，要注意层间漆膜干燥的时间，如果漆膜未达到表面干燥就进行下一遍喷涂，会出现夹漆现象，影响漆膜成型质量。

（6）二次打磨

二次打磨是每喷涂一遍中间涂层后所要进行的工序。该工序主要是通过打磨的方式，调整漆膜的均匀度，清除面层上细微的工艺缺陷及喷漆过程中气流中夹杂的粉尘颗粒物，从而使每次喷涂的漆膜达到最好效果。

（7）喷涂面漆

喷涂面漆（图5–12）是喷漆工艺的最后一道工序。首先确认以上工序有无遗漏之处，确认无误后方可进行面漆的喷涂。喷涂面漆要格外细致，尤其是立体造型。

图 5–12　喷涂面漆工作

思考与练习

1. 简述喷涂工艺的基本流程。
2. 练习粘接工作。
3. 练习喷涂面漆工作。

模块六　模型下料及构件加工

教学实施方案

【学习目标】

通过对模型下料及构件加工的学习，对模型材料定位切割、开槽钻孔、构件加工有感知认识，为进一步学习模型制作打下基础。在本模块中，通过对建筑模型定位切割、开槽钻孔、构件加工等内容的认识与学习，能够准确把握建筑模型制作工艺的要点，精确地选用工艺中材料的加工，达到预期效果或提高逼真程度。

【学习任务】

1. 熟悉模型的定位、切割。
2. 了解模型的开槽钻孔，并能进行操作。
3. 掌握模型的构件加工。

【工作任务分解】

工作任务分解见表6–1至表6–3。

表6–1　定位切割

内容、步骤	职业技能及方法	学习知识点	考核点
模型定位切割	掌握建筑模型的定位、切割方法	熟悉模型的定位、切割	建筑模型的定位、切割运用

表6–2　开槽钻孔

内容、步骤	职业技能及方法	学习知识点	考核点
模型开槽钻孔	掌握建筑模型的开槽钻孔	了解模型的开槽钻孔	建筑模型的开槽钻孔

表6-3 构件加工

内容、步骤	职业技能及方法	学习知识点	考核点
模型构件加工	掌握建筑模型的构件加工	掌握模型的构件加工	建筑模型的构件加工

6.1 定位切割

建筑模型材料由成品型材经过定位、切割成为组装配件，这是模型制作工艺中最重要的环节。这项工序决定着模型的精密程度与最终的展示效果。

6.1.1 定 位

定位是在型材上做位置设定或标记（表现切割部位的形态与尺度比例），为其后的切割工序奠定基础。在型材上标记切割部位，需经过缜密思考。

①普通型材外观平滑、色彩单一、幅面宽大，容易做标记。从周边开始测量尺寸，与型材边缘保持≥10mm的间距进行标记，避免将磨损的边缘纳入使用范畴。

②矩形型材一般从长边的端头开始定位（图6-1），不规则型材一般从曲线或折线边缘开始定位，保证最大化合理利用材料，同时为后期材料使用提供便利。标记形体轮廓时可以将1：1绘制的模型设计拓印在型材上，使用硬质笔尖或圆规刺透图纸，标记轮廓转角点。将图纸取下，用笔和尺连线（图6-2）。有机玻璃板、金属板等光洁材料可以使用彩色纤维笔描绘轮廓。

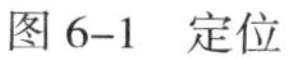

图 6-1 定位

图 6-2 定位描绘

③圆弧轮廓一般使用圆规绘制，圆点支撑部位对型材的压力要轻，避免产生凹陷圆孔。

④自由曲线边缘最好能归纳为多段圆弧拼接后形态，尽量采用规则形体的组合来表现不规则形体。如果创意构思的确需要表现任意自由曲线，可以将模型图纸1：1裁剪下来贴在型材上，再做定位描绘。

建筑模型的形体结构大多为直角方形或矩形，外部墙体围合时要考虑拼装的连续性。因此，定位时不宜将墙体转角分开，连为一体能够减少后期切割工作量，转角结构也会显得端庄、方正。

6.1.2　切　　割

切割是模型制作过程中费时费力且枯燥的工序，需要静心、细心、耐心。不同的材料具有不同的质地，切割时宜选用不同的切割方法。根据现有的建筑模型材料，切割方法可以分为手工裁切、手工锯切、机械切割、数控切割四种方式。

（1）手工裁切

手工裁切是指使用裁纸刀、双面刀片等简易刀具对模型材料做切割，通常还会辅以三角尺、模板等定型工具，能切割各种纸材、塑料及薄木片，它是手工制作的主要形式。

裁切时要合理选择刀具，保证切面平顺光滑。无论裁切何种材料，刀具都要时常保持锋利的状态。落刀后施力要均衡，裁切速度要一致。针对需要多次切割的坚韧材料，耐心反复操作，终会得到解决。

图 6-3　美工钩刀切割

①用美工钩刀切割材料（图6-3）：美工钩刀是切割有机玻璃板、ABS工程塑料板、硬质纸板、PVC板、PS板和其他塑料板材的主要工具。

使用方法：在材料上做好标记，用尺子压住要使用材料的边缘。首先一手扶住尺子，一手握住钩刀的把柄，用刀尖轻刻切割线的起点；其次力度适中地用刀尖往后拉，切割到材料厚度的1/3，将其折断；最后处理边缘。

②用双面刀片切割材料：双面刀片的刃最薄、最锋利，是切割一些要求切工精细的薄型材料（单薄的纸张和透明胶片）的最佳工具。由于双面

刀片难以操作，可在使用前用剪刀将刀片剪成所需的小片，再用薄木板或塑料板做个夹柄将刀片镶好后再使用。

（2）手工锯切

手工锯切是指采用手工锯对质地厚实、坚韧的材料做加工，常用工具有钢锯（图6–4）和木工锯（图6–5）两种。木工锯的锯齿较大，适用于加工实木板、木芯板和纤维板等，锯切速度较快。钢锯的锯齿较小，适用于金属、塑料等质地紧密的型材。

锯切前要对被加工材料作精确定位放线（图6–5），并预留出适当的锯切损耗（一般木材预留1.5～2mm；金属、塑料预留1mm）。单边锯切的长度不宜超过400mm，否则型材容易开裂。锯切时要单手持锯，单手将被加工型材按压在台面上（针对厚度较大的实木板可以用脚踩压固定），锯切幅度不宜超过250mm。锯切型材至末端时速度要减慢，避免型材产生开裂。锯切后要对被加工型材的切面边缘作打磨处理（图6–6），木质材料还可以进一步刨切加工。

手工锯切能解决粗大型材的下料、造型等工艺问题，但不能作进一步深入塑造，针对弧形或曲线边缘需采用专用机械加工。

图 6–4 手工锯切切割

图 6–5 木锯切割

图 6–6 边缘处理

（3）机械切割

机械切割是指采用电动机械对模型材料作加工。常用机械主要有普通多功能切割机和曲线切割机两种。在工作前一定要穿好工作服、戴好工作帽，不能戴手套。在切割时，一定要注意安全操作，最好自制辅助工具推送材料。

普通多功能切割机采用高速运动的锯轮或锯条作切割，能加工木质、塑料、金属等型材，切割面非常平滑且工作效率高。切割机的锯轮或锯条，根据加工型材种类随时更换；大型锯齿加工木材，中小型锯齿加工金属、塑料、纸材。多功能切割机一般只作直线切割，对加工长度无限定。

在建筑模型制作中，曲线切割机的运用更多一些，它能对型材作任意形态的曲线切割，在一定程度上还可以取代锯轮机或锯条机。根据曲线切割机的工作原理又可以分为电热曲线切割机（图6-7）和机械曲线切割机两种。电热曲线切割机是利用电阻丝通电后升温的原理，能对PS块材、聚苯泡沫塑料、弯折塑料作切割处理。机械曲线切割机是利用纤细的钢锯条上下平移对型材实施切割。操作前要在型材表面绘制切割轮廓，双手持稳型材作缓缓移动，操作时要注意移动速度，转角形态较大的部位要减慢速度，保证切面均衡受力。

图 6-7　电热曲线切割机

无论操作哪种切割机，头脑都要保持冷静，不要被噪声和粉尘干扰，以免发生意外。硬质塑料或金属材料，要注意避免产生粉尘与火花。

（4）数控切割

所谓数控切割，是指用于控制机床或设备的工件指令（或程序），是以数字形式给定的一种新的控制方式。常用的有CAM与CNC。常用数控机床主要有数控机械切割机和数控激光切割机两种。

在切割过程中无须人工做任何辅助操作，使模型零件具有了精确性、可控性、方向性，极大地提高了制作者的工作效率和模型的成功率。此外，激光切割机对有机玻璃型材做镂空雕刻、加工效果比较理想（图6-8）。

常规CAM软件种类繁多，每种普通数控切割机都会指定专用的控制软件，但是每种软件都有自身的特点，最好能交叉使用。其操作步骤如下：

第一步，在界面提供的绘图区或者使用计算机上专业绘图软件（可用AutoCAD绘制后存储为dxf.格式，在指定的CAM软件中打开，将全部线条优化后作选择状）绘制出切割线型图，图形要尺度精确、位置端正。

第二步，设定切割类型并选择刀具名称。

第三步，将参数设定好并存为待切割文件，并将文件发送给数控机床。

第四步，将被加工型材安装到机床上，接到指令的数控切割机就会自动工作，直到加工完毕。

CAM软件的操作比较简单，其操作原理和AutoCAD输出打印图纸类似，关键在于图形的优化，要保持所有线条连接在一起，不能断开，否则内部细节形态就无法完整切割。

图 6–8 数控切割模型效果图

6.2 开槽钻孔

开槽钻孔是继定位切割工序后又一道加工工艺，它能辅助切割工艺对建筑模型材料作深入加工，满足不同程度的制作需求。

6.2.1 开 槽

开槽是指在模型材料的外表开设凹槽，它能辅助模型安装或起到装饰效果。槽口的开设形式一般有V形、方形、半圆形、不规则形四种。在厚纸板、PVC板、PS板和KT板等轻质型材上开设V形槽和方形槽相对容易。

以在KT板上开设V槽（图6–9）为例，首先在型材表面绘制开槽轮廓，一条凹槽要画两条平行线，彼此之间的距离不超过5mm；其次裁纸刀先向内侧倾斜，沿内侧线条匀速划切后，再向外侧倾斜作匀速划切。两次落刀的深度尽量保持一致，不要交错，避免将KT板划穿，不足部分可以补上一刀；最后将形成的V形槽折叠成转角造型。

在其他硬质材料上作开槽也可以采用切割机辅助，或采用专用刀具（图6–9）和槽切机床。如果条件允许也可以购买成品装饰槽板，直接用到建筑模型上。

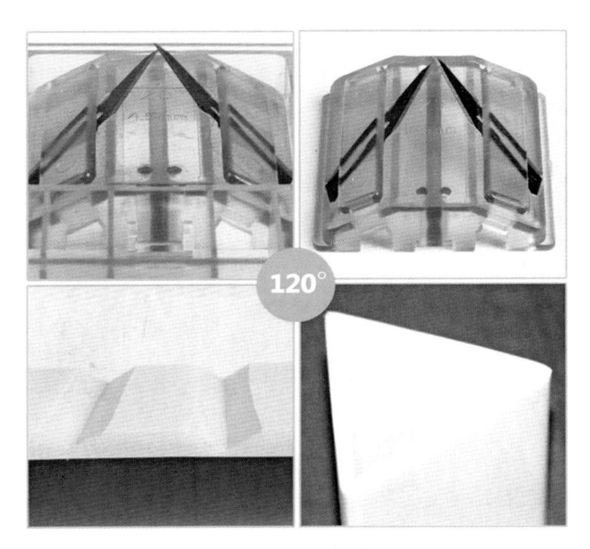

图 6–9　KT板V槽与专用刀具

6.2.2　钻　　孔

钻孔是根据设计制作的需要，在模型材料上开设孔洞（图6–10）的加工工艺。孔洞的形态主要有圆形、方形和多边形三种，钻出的孔洞可以用作穿插杆件或构造连接，也可以用作外部门窗装饰。

圆孔与方孔的开设频率很高，几乎所有建筑模型都需要开设。孔洞的类别与开孔方法如表6–4所示。

表6–4　孔洞的类别与开孔方法

类别	直径/mm	开孔方法
微孔	1 ~ 2	使用尖锐的针锥对型材作钻凿，以满足其他形体构造能顺利通过或固定
小孔	3 ~ 5	先锥扎周边，后打通中央，完成后须采用磨砂棒打磨孔洞内径

续表

类别	直径/mm	开孔方法
中孔	6～20	可以借用日常生活用品来辅助，例如，金属钢笔帽、瓶盖、不锈钢管
大孔	≥21	首先使用尖锐的工具将孔洞中央刺穿；其次向周边缓缓扩展，使用小剪刀将边缘修剪整齐；最后采用磨砂棒或240#砂纸将孔洞内壁打磨平整

使用钻孔机能大幅度提高工作效率，但是不能完全依赖它，机械钻孔一般仅适用于硬质型材（图6–11），而不适合质地柔软、单薄的透明胶片或彩色即时贴。柔软、单薄的型材使用钻孔机反而容易产生褶皱和破损，可以尝试使用装订用的打孔机来加工，但是孔径尺度比较局限。

图 6–10　板材开孔

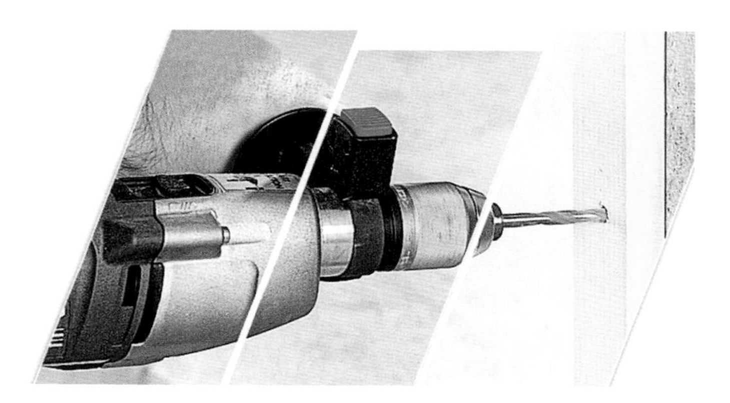

图 6–11　机械钻孔机

6.3　构件加工

模型的制作是合理利用工具改变材料形态，通过粘接、组合产生新的物质形态的过程。建筑模型设计制作员应掌握传统的简单基本要领与基本技术方法。

6.3.1　卡纸的加工

制作卡纸建筑模型（图6–12），一般采用白色卡纸。如果需要其他颜色，可以采用彩色卡纸或者在白色卡纸上进行有色处理。处理方法很多，例如可用水粉颜料进行涂刷或喷涂，以达到所需要的肌理。此方法既经济实惠，效果也好。

另外，卡纸建筑模型还可以采用不干胶色纸和装饰纸来装饰表面，采用其他材料装饰屋顶和道路。

图 6-12　卡纸建筑模型

卡纸建筑模型的加工和组合也十分容易，只需几件切割工具，如墙纸刀、手术刀、单双面刀片、雕刻刀和剪刀等。纸模型各板块或部件的组合方式很多，在制作上可采用折叠、切割、切折、切孔、附加、黏合等立体构成的方法进行制作。在模型制作中，可根据形态的需要选择合适的处理方法。

6.3.2　泡沫塑料的加工

泡沫塑料质软且轻，极易加工，是制作构思模型和规划模型的理想材料。密度结构比较粗的发泡塑料适宜制作构思模型；密度较高的硬质发泡塑料适宜制作较为精细的规划模型。

加工泡沫塑料时一般采用冷切割（钢丝锯、美工刀）或热切割（电热丝锯、电阻丝，见图6-13）进行切割，切割出大体形状后采用美工刀、手术刀、锉、砂纸等辅助

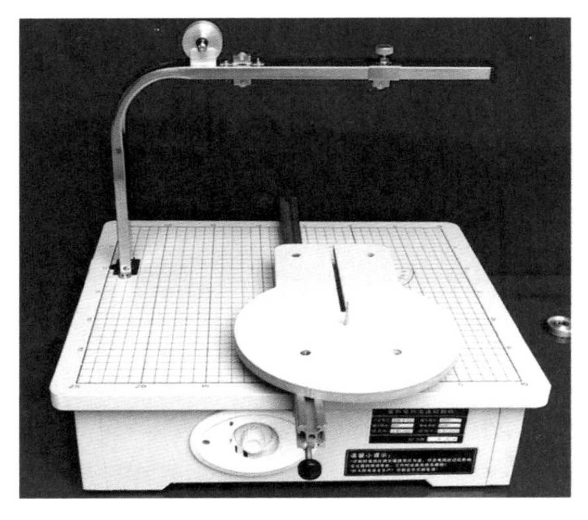

图 6-13　电热丝切割机

工具修整。用泡沫塑料制成的模型部件，一般用双面胶条或乳胶粘接组合。

6.3.3 吹塑纸的加工

吹塑纸可用来制作屋项、路面、山地、海拔的V高线和墙壁贴饰等。在制作时，要根据吹塑纸的颜色和表面肌理要求，选择不同的工具。如制作有肌理的屋面、屋顶和路面时，可用美工刀的刀背来做划刻加工处理。

6.3.4 装饰纸的加工

装饰纸有仿木纹纸（图6-14）、大理石纸、壁砖纸和各种仿真材料的纸等多个品种。在使用装饰纸时，应先按装饰面的大小裁好。在裁好的装饰纸的背面贴双面胶条或涂乳胶，对准被贴面的角轻轻固定，然后用手或其他工具从被贴面的中间向外铺平。铺平后，如面上有气泡可用大头针刺透再用手指压平。如果装饰面上有门窗，可在贴好装饰纸后用铅笔轻画出门窗洞的尺寸，用钢板尺和单面刀片或手术刀刻去装饰纸（图6-15），这样就会露出一扇扇窗户。

图 6-14 仿木纹纸

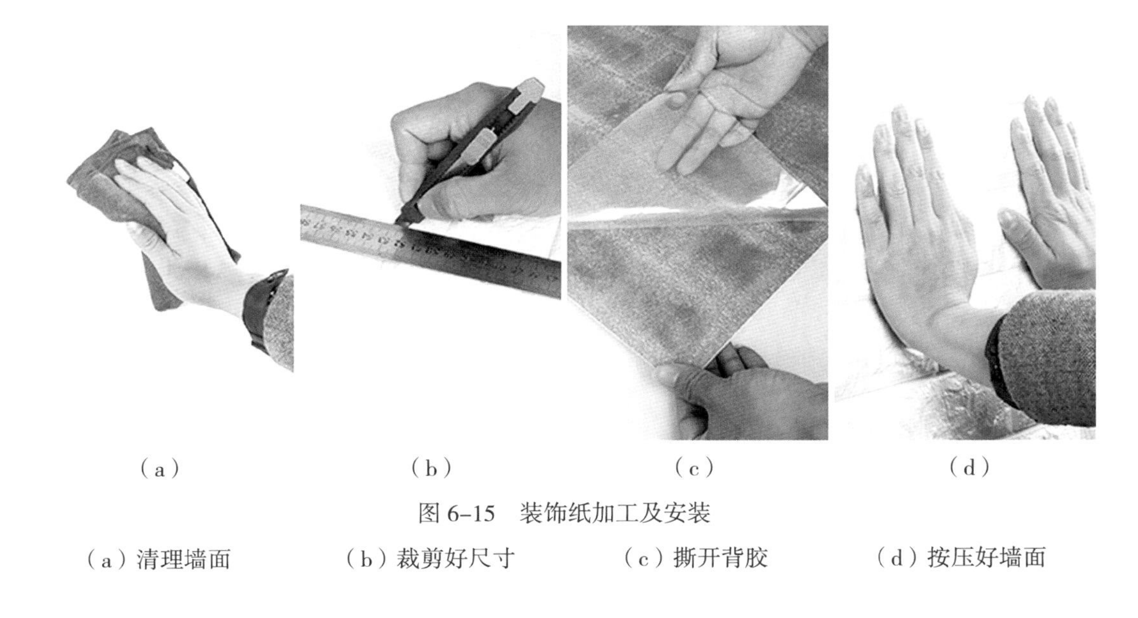

（a）　（b）　（c）　（d）

图 6–15　装饰纸加工及安装

（a）清理墙面　（b）裁剪好尺寸　（c）撕开背胶　（d）按压好墙面

6.3.5　有机玻璃塑料板的加工

有机玻璃硬而脆，极易切割。在切割时，可用机械工具和手工工具。手工切割时可用尺和美工刀进行划刻，当钩划到2/3的深度时，将材料的切割缝对准工作台边掰断。有机玻璃可以进行精细加工，烘软后可以弯曲成型，适用于制作弧形的建筑模型部件，如角窗、天窗和遮阳雨篷等。

有机玻璃的各部件粘接简便，胶黏剂用丙酮或氯仿溶剂。制作立方体模件时，需要将粘接的边斜切割或修成45°，这样立方体模件才能结合密封、牢固。粘接时，将胶黏剂抽入玻璃注射针管内，然后将其轻轻地注在粘接面上，待稍溶化后立即粘接并施加一定的压力。

另外，在制作玻璃幕墙时，可将有机玻璃用美工刀的刀背划分窗格，再用浅颜色的水粉颜料涂抹在划痕上，然后将有机玻璃擦干净即可。如果需要在表面进行颜色处理，应了解和熟悉各种涂饰材料及工艺所产生的视觉效果。涂饰材料有调和漆、水粉颜料、丙烯颜料和油画颜料等。

有机玻璃也可以采用各种装饰纸作为面的贴饰，如不干胶和色纸等。

6.3.6　泡沫海绵的加工

泡沫海绵松软、弹性好、透气，是制作行道树、草坪和花坛的理想材料。在制作时，可用剪刀或美工刀修好所需要的形状，一般是剪成球形、锥形和自由形等，在制作成所需要的形状后，用颜料染成所需要的颜色。

6.3.7 竹木构件的加工

竹木模型是将单面体上的各种构件（图6-16）制作完成后再进行整体拼合。由于需模拟真实效果（图6-17），它一般将线材均匀排列成面材的方式来表达墙面质感。因此，可使用透明的有机玻璃作为线材的粘贴底板，胶黏剂常用白乳胶。竹子材料通常可直接使用裁纸刀来进行切割，木板模型对切割工具要求则相对要高一些，如有条件，使用曲线锯等电气设备进行切割可使模型更为精致。

在制作过程中，根据模型加工放样合理下料；裁切下来的木材表面粗糙，需要进行刨削加工；如果模型结合方式是榫卯结构，需要凿类工具开榫加工。

图 6-16 木构件加工

图 6-17 木构件加工2

思考与练习

1. 建筑模型制作中切割方式有几种？
2. 建筑模型制作中孔洞类别与开孔方法有哪几种？
3. 建筑模型制作中构件加工方法有哪些？

模块七　模型组合成型及装饰

教学实施方案

【学习目标】

通过对建筑模型组合成型及装饰的学习，对模型构造连接、复合连接及成型、配景装饰、模型外观装饰有感知认识，并能熟练操作。在本模块中，通过对建筑构造连接、复合连接及成型、配景装饰、模型外观装饰等内容的认识与学习，能够准确应用不同的加工工艺和处理方法进行模型构造连接、复合连接及成型；能够精确选用不同的配景装饰，使模型内容更加丰富；能够精确采用不同的模型外观装饰手法，使模型达到预期效果或提高逼真程度。

【学习任务】

1. 熟悉不同的加工工艺和处理方法进行模型构造连接。
2. 掌握模型加工工艺和处理方法进行模型复合连接及成型。
3. 了解模型的配景装饰制作与选用。
4. 掌握不同的模型外观装饰手法，使模型达到预期效果或提高逼真程度。

【工作任务分解】

工作任务分解见表7–1至表7–4。

表7–1　构造连接

内容、步骤	职业技能及方法	学习知识点	考核点
模型构造连接	掌握建筑模型的构造连接方式	熟悉模型的构造连接	建筑模型的构造连接

表7-2 复合连接及成型

内容、步骤	职业技能及方法	学习知识点	考核点
模型复合连接及成型	掌握建筑模型的复合连接及成型	掌握模型的复合连接工艺和处理方法	建筑模型的复合连接及成型

表7-3 配景装饰

内容、步骤	职业技能及方法	学习知识点	考核点
模型配景装饰	掌握建筑模型的配景装饰组成、制作方法	了解模型的配景装饰组成、制作方法	建筑模型的配景装饰组成、制作方法

表7-4 模型外观装饰

内容、步骤	职业技能及方法	学习知识点	考核点
模型外观装饰	掌握建筑模型的外观装饰表现形式	了解模型的外观装饰表现形式	建筑模型的外观装饰表现形式

7.1 构造连接

模型材料下料完毕就可以根据设计图纸做构造连接，建筑模型的连接方式很多，常用的有粘接、钉接、插接和复合连接四种。

7.1.1 粘 接

粘接是模型制作中最常用的连接方式，要根据材料特性选用适当的胶黏剂对形体构造做连接（图7–1）。纸材、塑料采用透明强力胶粘接；木材用白乳胶粘接；玻璃或有机玻璃材料用硅酮玻璃胶粘接；金属、皮革、油漆等材料用502胶水粘接（图7–2）。

粘接前，将对粘接面表面的油污、灰尘、粉末等污渍清理干净。涂抹时，将胶黏剂均匀地涂抹、完全覆盖被粘接面为宜，过多或过少都会影响粘接效果。涂抹白乳胶要等待2～3min后对接；涂抹502胶时应立即对接。粘接后要保持定型3～5min，待粘接面完全干燥后方可作进一步加工。

透明胶、双面胶、即时贴胶纸等不干胶的粘接性能不佳，在建筑模型材料中没有针对性。一般用作纸材粘接的辅助材料，并且只能用于内部夹层中，不宜作主要胶黏剂使用。粘接完成的物件不要试图将其分开，强制拆离会破坏型材表面的装饰层。因此，粘接前一定要对构造连接形式作充分考虑，务必一次成型。

图 7–1　KT板与木棒粘接

图 7–2　502胶水粘接

7.1.2　钉　　接

钉接是采用钉子或其他尖锐杆件对模型材料作穿刺连接。这种连接方式会破坏型材内部质地，一般只适用于实木、PS块/板、厚纸板等质地均匀的型材。常用的钉接工艺有：

（1）圆钉钉接

圆钉又称为木钉，主要用于木质材料之间的固定连接。建筑模型的构造精致，一般选用长10～20mm的圆钉。钉接前，要对被加工木材作精确切割、边缘打磨平整、标记好落钉点。直线方向两颗圆钉之间的间距为30～50mm；圆钉的钉接部位距离型材边缘至少5mm，防止开裂。钉接时一手持铁锤，一手使圆钉与型材表面呈90°固定，缓慢钉入。普通木质型材表面裸露的钉头部位要涂刷防锈漆，防止生锈。

圆钉的固定效果牢靠，但钉接过程产生的振动会在一定程度上破坏已完成的构件。因此，在加工时要安排好先后次序，减少不必要的破坏。

（2）枪钉钉接

枪钉又称为气排钉，是利用射钉枪与高压气流将钉子射出，对木材产生固定连接。枪钉的钉接效果良好，工作效率高。在建筑模型制作中，一般选用长度为10～15mm的枪钉，落钉点间距为30～50mm，钉接部位与型材的边缘距离≥3mm。钉入型材后钉头凹陷1～2mm，可以涂抹少量胶水封平，同时能起到防锈作用。

（3）螺钉钉接

螺钉的钉接方式最稳定，在木材、高密度塑料和金属中都可以采用。在建筑模型制作中，高密度塑料、金属一般选用10～15mm合金螺钉，木材可以使用尖头螺钉。钉接时用电动螺丝刀拧紧，或者先用铁锤将螺钉钉入1/3，然后用螺丝刀拧紧。针对塑料与金属材料，则先要在型材上钻出孔径与选用的螺钉相匹配的孔。当螺钉穿过后再用螺帽在背部固定，两枚螺钉的间距为50～80mm。螺钉钉接的优势在于可以随意拆装，适用于研究性、概念性等建筑模型。

（4）订书机钉接

在建筑模型制作中，订书机可以用来钉接卡纸、纸板。落钉后会在型材表面形成凹凸痕迹，不便再作装饰。因此订书机的钉接方式只适用于模型内部，但它的固定效果比胶黏剂好。钉接时，以两颗钉（平行间距为10mm）为一组，两组间的间距≤80mm，它能在一定程度上取代胶黏剂。

除以上工具外，在模型制作中可以根据材料特性采用图钉、大头针等尖锐辅材作连接，均能达到满意的效果。

7.1.3 插　　接

插接是利用材料自身的结构特点，相互穿插组合而成的连接形式。它的连接需要预先设计，在型材上切割插口用于连接。由于插口产生后会影响建筑模型的外观效果，因此插接形式一般只适用于概念模型（图7–3）。

图 7–3　插接

此外，还可以通过其他辅助材料作插接结构，例如，竹质牙签、木质火柴棒、PVC杆/管、小木杆等。先在原有型材上根据需要钻孔，然后将辅材穿插进去，最后要对插接部位涂抹胶黏剂作辅助性固定。

插接工艺适用于构造性很强的概念模型，插接形式要做到横平竖直，任何倾斜都会影响最终的表现效果。

7.2　复合连接及成型

复合连接即同时采取两种或两种以上连接方法对建筑模型构造作拼装固定。在某些条件下，当一种方法不能完全固定时，可以辅助其他方法来加固。例如，使用透明强力胶粘接厚纸板时容易造成纸面粘连而纸芯分离，出现纸板开裂、变形等不良后果。为了强化连接效果，可以在关键部位增加订书机钉接，使厚纸板之间形成由内到外的实质性连接。木质型材之间一般采用射钉枪钉接，但是接缝处容易产生空隙，在钉接之前可以在连接处涂抹白乳胶，使钉接与胶接双管齐下，加强连接力度。

7.3　配景装饰

在建筑模型中，根据制作建筑模型的目的，运用艺术联想选择各种合适的材料，以营造出简洁、生动、逼真的艺术效果（图7–4）。

图 7–4　模型效果

配景装饰是指建筑模型中除模型主体以外的其他构件，它们对主体模型起配饰作用，能丰富场景效果、提高模型的观赏价值。配景装饰一般包括底盘、地形道路、绿化植物、水景和构件五个方面。

7.3.1 底　　盘

底盘是建筑模型的重要组成部分，是放置模型主体、配置环境及附属物的基础。它对主体模型起支撑作用。模型底盘制作的基本原则是平整、稳固、宽大。

底盘的大小、材质、风格直接影响模型的最终效果。它的形状在具体制作过程中还要考虑建筑模型的整体风格、制作成本等因素。常见的底盘形状有矩形、多边形、圆形和弧形。常用的一般为矩形。

底盘的材料一般为聚苯乙烯板底盘和木质底盘。底盘选择何种材料制作、模型建筑如何连接是要整体考虑的。

（1）聚苯乙烯板底盘（图7–5）

PS板与KT板具有质地轻、韧性好、不变形等优点，是普通纸材模型、塑料模型的最佳底盘材料。

如果在建筑模型中需要增加电路设施，电线也能轻松穿插至板材中间并向任意方向延伸。成品PS板和KT板的切面难以打磨平整，需要应用厚纸板、瓦楞纸或其他装饰型材作封边处理，保持外观光洁。

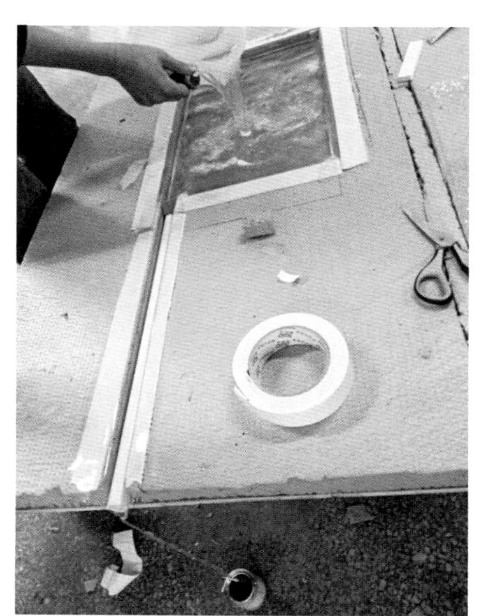

图 7–5　聚苯乙烯板底盘

根据不同体量的建筑模型适当选择底盘厚度与材料，见表7–5。

表7–5　底盘厚度与材料规格

底盘厚度mm	材料
＜400	选用厚15mm以下的PS板或两层厚5mm的KT板叠加
400 ~ 600	选用厚20mm的PS板或三层厚5mm的KT板叠加
600 ~ 900	选用厚20mm的PS板或三层厚5mm的KT板叠加
＞900	选用厚30mm以上的PS板、表面覆盖厚1.2mm的纸板或厚2mm的PVC板

（2）木质底盘

木质底盘质地浑厚，一般选用厚15mm的实木板、木芯板或中密度纤维板制作，边长可以达到900mm。当超过1200mm的模型底盘时，须采用分块拼接的方式加工，即由多块边长1200mm以下的木质板材拼接而成，避免板材发生变形。如果木质底盘有厚度要求，也可以先用30mm × 40mm木龙骨制作边框，中央纵、横向龙骨间距为

300～400mm；最后在上表面覆盖一层厚5mm的实木板。

木质底盘（图7-6）一般会保留原始木纹或在表面钉接薄木装饰板，装饰风格要与建筑模型主体相衬映，板材边缘仍须钉接或粘贴饰边，避免底盘边角产生开裂。厚重的实木底盘适用于实木、金属材料制作的建筑模型或石膏、泥灰材料制作的地形模型。如果只是承托厚纸板、PVC板和KT板等轻质材料制作的建筑模型，也可以选用木质绘图板（画板），绘图板质地平整，内部为空心构造，外表覆盖薄木板，质量较轻、方便搬移，是轻质概念模型的最佳选择。此外，用于底盘制作的材料还有天然石材、玻璃、石膏等，均能起到很好的装饰效果。

图7-6　木质底盘

无论采用哪种材料，建筑模型的底盘装饰效果都来自边框，边框装饰是模型底盘档次的体现。在经济条件允许的情况下，可以选用不锈钢方管、铝合金边条、人造石边框，甚至用定制装饰性很强的画框。

7.3.2　地形道路

地形道路具有规则感和方向感，在建筑模型中能间接表达建筑方位，富有力量的线条与建筑主体形成鲜明的对比，是城市建筑外观模型不可缺少的配景。

（1）等高线地形

等高线地形是用等高线表示地面高低起伏的建筑模型。在模型制作中，根据等高线的弯曲形态可以判断出地表形态的一般状况。制作等高线地形步骤如下。

第一步，要选择适当的材料，它的厚度可以按比例表示想要得到的坡度阶梯。常用材料有PVC板和KT板（图7-7），木质模型可以搭配使用薄木板，这些板材厚度一般为3～5mm。

第二步，将图纸拓印在板材上逐块切割下来，先切割位于底部的大板，后切割上层的小板。

第三步，将所有层板暂时堆叠起来，堆叠时应该标上结合线和堆叠序号，防止发生错乱。

第四步，给坡度加上标签，帮助计算海拔高度并且控制场地工作。

图 7–7　等高线地形

木质等高线地形也可以进一步加工成实体地形，即在叠加的木板上涂抹石膏或黏土，使地形表面显得更柔和、更真实。

（2）道路

道路是模型盘面上的一个重要组成部分。规划类建筑模型的道路，主要是由建筑物路网和绿化构成。路网的表现要求既简单又明了，一般选用灰色（图7–8）。对于主路、辅路和人行道的区分，要统一地放在灰色调中考虑，用色彩的明度变化来划分路的类别。

选用厚纸板做底盘时，可以利用自身色彩表示人行道。用浅灰色即时贴表示机动车道路，白色即时贴表示人行横道和道路标示，辅路色彩一般随主路色彩变化而变化。主路、辅路和人行道的高度差（图7–9）在规划模型中可以忽略不计。局部区域还要压贴绿地，注意接缝要严密。制作道路时一般先不考虑路的转弯半径，而是以笔直铺设为主，转弯处暂时处理成直角。待全部粘贴完毕后，再按图纸的具体要求作弯道细节处理。

选用ABS板做底盘贴面时：首先，用复写纸将图纸描绘在模型底盘上；其次，将主路、辅路和人行道依次用即时贴或透明胶带遮挡粘贴，用不同种类的灰色漆喷涂。这种方法施工时，要注意遮挡喷漆的纸张密封严密，不要让喷漆破坏已完成的饰面。

图 7-8　景观道路

图 7-9　景观道路

7.3.3　绿化植物

绿化植物是外观建筑模型不可缺少的配景，具有体量小、数目多、占地面积大、形体各异等特点。建筑模型中的绿化可分为道路绿化和园林绿化两种。道路绿化以街道树为主，增设草坪和花坛；园林绿化主要以点、线、面为组合方式，再配合草坪、花坛、树木等。现将制作各种绿化的技法介绍如下。

（1）绿地

在建筑模型中，绿地在整个盘面所占的比例相当大。在选择绿地颜色时，要注意选择深绿、土绿或橄榄绿较为适宜。一般用来制作草坪的材料有绒纸、砂纸、表面有肌理的色卡纸等。

在选用粉末材料（图7-10）时，制作技法：首先取精细的木屑，分成三堆，分别用颜料染成淡绿色、中草绿和墨绿；其次干燥后根据草坪颜色深浅所需，将三堆深浅不

图 7-10　绿地

同的粉末进行不同量的均匀混合，这样就可以产生仿自然草坪的色彩效果；最后将白乳胶涂在模型上的草坪位置，将混合好的木屑粉末撒在上面。这样反复多次，草坪即可做成。

选用仿真草皮或纸张制作绿地时，要注意正确选择胶黏剂。如果是在木材或纸材底盘上粘贴，可以选用白乳胶或自动喷胶；如果是在有机玻璃板底盘上粘贴，则选用自动喷胶或双面胶。使用白乳胶粘贴时，一定要注意将胶液稀释后再用。在选用自动喷胶粘贴时，一定要选用高黏度喷胶。

此外，现在还比较流行用自动喷漆来表现大面积绿地。自动喷漆操作简便，只要选择合适的色彩即可，喷涂时要根据绿地的具体形状。用报纸遮挡不作喷漆的部分，报纸的边缘密封要严实，避免破坏其他饰面。

（2）树木

树木是绿化的一个重要组成部分。大自然中的树木形态各异，要将各种树木浓缩到建筑模型中，需要模型制作者具有高度的概括力及表现力（图7-11）。

制作树木（图7-12）采用泡沫塑料比较适合。一种是常见的细孔泡沫塑料，俗称海绵，这种泡沫塑料密度较大、孔隙较小，制作树木有一定的局限性；另一种是大孔泡沫塑料，其密度较小、孔隙较大，是制作树木的一种较好材料。

图 7-11　成品树木

图 7-12　泡沫塑料树木

树木的抽象表现方法是指通过高度概括和比例变化而形成的一种表现形式。在制作小比例树木时，通常将树木的形状概括为球状与锥状，从而区分阔叶树与针叶树。在制作阔叶球状树时常选用大孔泡沫塑料，其孔隙大、蓬松感强，表现效果优于细孔泡沫塑料。先将泡沫塑料按树冠直径剪成若干个小方块；然后修整棱角，使其成为球状体，再通过着色就形成一棵棵树木。有时为了强调树的高度感，还可以在树球下加上树干。

树木具象的表现方法是指树木随着模型比例变化而变化，或随着建筑主体高度变化而变化的一种表现形式。在制作阔叶树时，一般要将树干、枝、叶等部分表现出来。首先制作树干。将多股电线的外皮剥掉，将内部铜线拧紧，并按照树木的高度截成若干节，再将上部枝杈部分劈开，树干就完成了，然后将所有树干部分做统一着色。树冠部分一般选用细孔泡沫塑料或棉絮。在制作时先进行着色处理，染料一般采用水粉色，着色时可将泡沫塑料或棉絮染成深浅不一的色块，在事先做好的树干上部涂上胶液，再将涂有胶液的树干部分粘接泡沫塑料或棉絮，放置于一旁干燥，待胶液完全干燥后，可将上面沾有的多余粉末吹掉，并用剪刀修整树形即可。

利用纸板制作树木是一种比较流行且较为抽象的表现方法。首先选择纸板的色彩和厚度，最好选用带有肌理装饰效果的纸张；其次按照尺度和形状作裁剪，这种树一般是由一片或两片纸裁剪后折叠而成。为了使树体大小基本一致，当形体确定后，可先制作一个模板，再进行批量制作，这样才能保证树木的形体和大小整齐划一。

（3）树池或花坛

树池或花坛也是环境绿化中的组成部分。虽然面积不大，但处理得当能起到画龙点睛的作用。制作树池和花坛的基本材料一般为绿地粉或大孔泡沫塑料。

选用绿地粉时，先将树池或花坛（图7-13）底部用白乳液或胶水涂抹，然后撒上绿地粉并用手轻轻按压，再将多余部分清除，这样便完成了树池和花坛的制作。注意：选用绿地粉色彩时，应以绿色为主，加少量的红、黄粉末，使色彩感觉更贴近实际效果。选用大孔泡沫塑料时，先将染好的泡沫塑料块撕碎，然后沾胶水进行堆积，即可形成树池或花坛（图7-14）。在表现色彩时，一般有两种表现形式：一是由多种色彩无规律地堆积而成；二是自然退晕的表现形式，即产生由黄到绿或由黄到红的过渡效果。另外，处理外边界线的方法也很独特，采用小石子或米粒堆积粘贴，外部边缘界线要自然地处理成参差不齐的感觉，效果会更自然、更别致。

图 7-13　花坛与绿地

图 7-14　树池与花盆

7.3.4 水　　景

水面是各类建筑模型中特别是景观模型中经常出现的配景之一。

水面的表现方法应该随建筑模型的比例、风格变化而变化。在制作比例较小的水面时，可忽略不计水面与路面的高差，直接用蓝色卡纸（图7–15）按形状剪裁后粘贴即可。另外，还可以使用蓝色压花有机玻璃板替代。

制作比例较大的水面时（图7–16），首先要考虑如何将水面与路面的高差表现出来。通常采用的方法是，先将底盘上水面部分作镂空处理，然后将透明有机玻璃板或带有纹理的透明塑料板按设计高差贴在镂空处，并用蓝色自动喷漆在透明板下面喷上色彩即可。用这种方法表现水面可以区分水面与路面的高差，而透明板在阳光照射和底层蓝色漆面（图7–17）的反衬下，仿真效果比较好。

图 7–15　水池制作

图 7–16　水面与地面处理

图 7–17　模型水景

7.3.5　构　　件

配景中的构件主要是指预制成品件，即能直接购买应用的装饰配件，主要包括路牌、围栏、小品、家具、人物、车辆等。随着商品经济的发展，建筑模型制作已经形成了成熟的产业链，各种配景构件都能买到相关比例的成品。如果构件的用量大而预算资金少，仍然需要按部就班地制作。

（1）路牌

路牌是一种示意性标志物，由路牌架和示意牌组成。制作路牌要注重其比例关系和造型特点。一般以PVC杆、小木杆（图7-18）作支撑，以厚纸板作示意牌，示意牌上的图形预先在计算机中绘制，打印后粘贴到厚纸板上。路牌架的色彩一般选用灰色，可以使用自动喷漆涂装。绘制示意图时，一定要用规范的图形。可以参考相关国家标准，比例要准确。

图 7-18　木质栏杆

（2）围栏

围栏的造型多种多样。由于比例及手工制作等因素的制约，很难将其准确地表现出来，可以概括处理。

制作小比例围栏时，最简单的方法是先将计算机绘制的围栏图形打印出来，必要时也可以手绘，然后将图像按比例用复印机复印到透明胶片上，按轮廓裁下粘贴即可。

此外，还可以将围栏图形用圆规针尖在厚1mm的透明有机玻璃板上作划痕，然后用选定的水粉颜料涂染，并擦去多余颜料，即可制成围栏。这种围栏有明显的凹凸感，且不受颜色的制约。

大比例围栏可以采用PVC杆或小木杆制作，纵、横向要注意平整，体量适宜，最后喷涂色彩即可。此外，也可以制作扶手、铁路等各种模型配景。如果仿真程度要求很高，最好购买成品件。

（3）小品

建筑小品（图7-19）包括的范围很广，例如，建筑雕塑、浮雕、假山等。这类配景在整体建筑模型中所占的比例相当小，但就效果而言，往往能起到画龙点睛的作用。一般来说，多数模型制作者在表现这类配景时，在材料的选用和表现深度上把握不准。

在制作建筑小品时，材料的选用要根据表现对象而定，一般可以采用橡皮、黏土、石膏等材料来塑造。这类材料可塑性强，通过堆积、塑型便可制作出极富表现力和感染力的雕塑小品。此外，也可以利用碎石块或碎有机玻璃块，通过黏合、喷色制作出形态各异的假山。一般来说，建筑模型的表现主体是建筑，过于细致的配景会影响整体和谐，故建筑小品的表现形式要抽象化。

家具（图7-20）、人物、车辆等构件的体量小、细节丰富，形象比较鲜明，模型的观赏者都会潜意识地将这些构件（图7-21）与生活中的实物作比较，而手工制作很难尽善尽美，稍有不慎就会影响整体效果。因此，手工制作的意义不大，建议购买成品件，只要布局均衡、合理分配，一般商业展示模型的投资者都能承受。

图 7-19　建筑小品

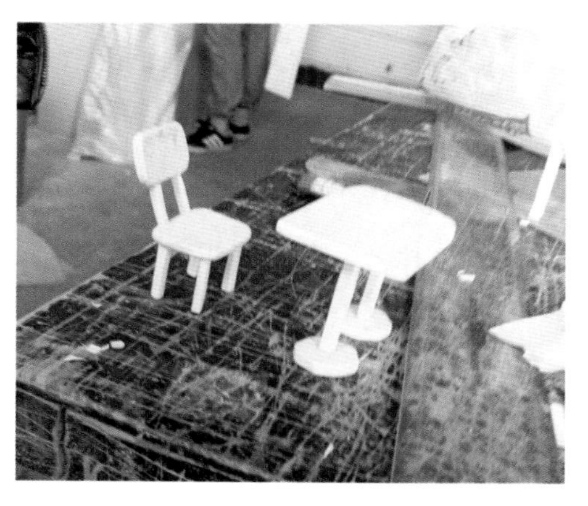

图 7-20　手工制作家具

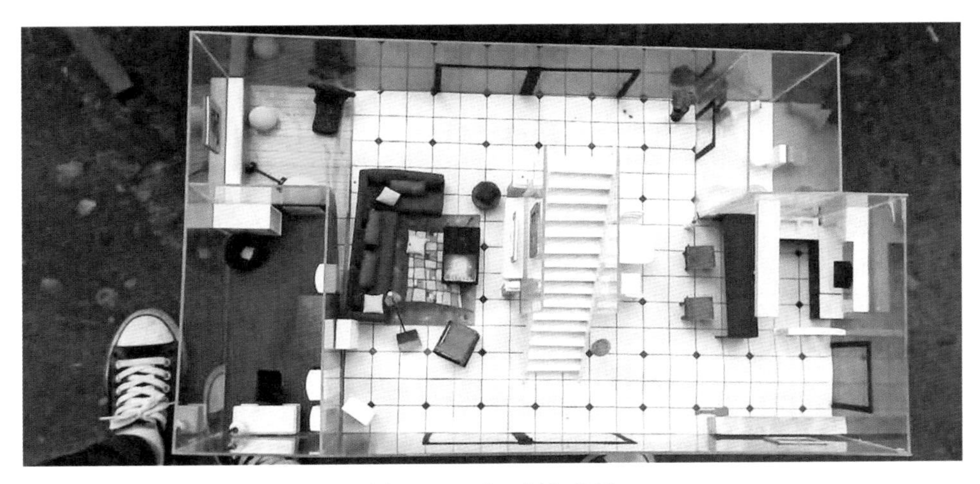

图 7–21　手工制作家居

7.4　模型外观装饰

模型要达到设计制作方案的预期效果，必须选择合适的工具与材料，同时对建筑外观进行细致处理。外观处理包括材料的颜色、光泽、肌理、手感等，它对满足客户心理需求方面影响很大。

7.4.1　开　　窗

开窗或是创造窗子（图7–22），可以用多种方式完成。

图 7–22　开窗

（1）上光玻璃壁板

极小型的模型也可以使用塑料上光片生成玻璃墙。对于小的区域和弯曲的部件，可以使用较厚醋酸盐胶黏剂。

（2）外罩开窗法

切割简单的外罩（图7–23），安放在底座的顶部产生一种窗子的微妙效果。

（3）刻画出窗子竖框线

用刀子在塑料上刻画出线，作为实际窗子竖框，或是作为应用艺术形式的指示线。

（4）在塑料片上使用艺术胶带

使用刻画的线作为指示线，在塑料片上用艺术胶带生成窗子的竖框。

（5）半透明玻璃窗

用细砂纸在塑料或是有机玻璃（图7–24）的一侧打磨制作半透明玻璃。

图 7–23　外罩开窗

图 7–24　有机玻璃窗

7.4.2　表面处理

简单的展示模型，最后的细节处理和抛光可以通过清洁建筑物和几项简单的工艺完成。

（1）遮盖

用乳白色建筑模型纸遮盖处理（图7–25），可以利用喷雾胶黏剂粘贴，但是过不了多久，它就会从模型上脱落。要起到持久的作用应该使用双面胶带。

如需要在卡纸上附加外墙的肌理效果（图7–26），如砖墙效果，可将已按比例打印并切割好的砖墙纹理图样覆盖粘贴在墙体外表面，注意该饰面图样背面宜用双面胶贴满。

（2）边缘的细节处理

用装饰带粘贴泡沫芯层顶板边缘（图7-27）。

（3）利用砂纸打磨

用100#砂纸打磨棒杆（图7-28）。

（4）着色上漆

图7-29所示为面着色上漆。图7-30所示为用气体喷雾进行小构件着色上漆，也可以清洁及抛光模型。

图 7-25　外墙遮盖处理

图 7-26　外墙肌理效果

图 7-27　边缘的细节处理

图 7-28　砂纸打磨

图 7-29 面着色上漆

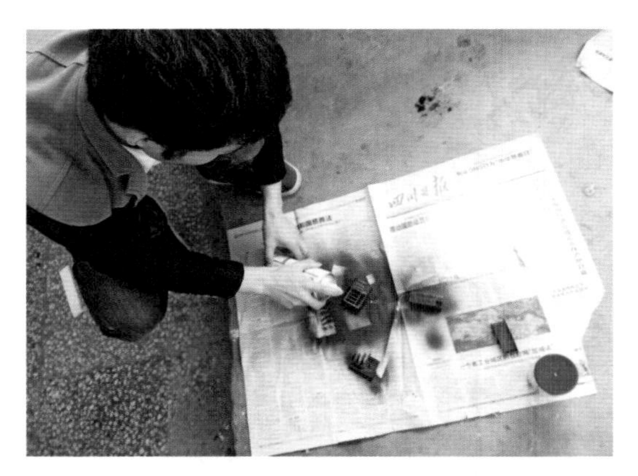

图 7-30 小构件着色上漆

思考与练习

1. 建筑模型常用的连接方式有哪些?
2. 建筑模型的配景装饰有哪些要素?
3. 建筑模型的模型外观装饰须注意哪些?

模块八　模型后期制作与拍摄

教学实施方案

【学习目标】

通过对建筑模型后期光源、声音等特殊效果制作和拍摄的学习，强调模型的声光效果，提升模型的欣赏性。让学生掌握建筑模型中电路连接的材料及方法。了解模型后期特殊效果制作的方法，加强模型后期整体效果。

【学习任务】

1. 熟悉模型电路连接的材料。
2. 掌握模型电路连接的方法。
3. 了解模型拍摄的方法。

【工作任务分解】

工作任务分解见表8–1至表8–3。

表8–1　建筑模型电路控制

内容、步骤	职业技能及方法	学习知识点	考核点
模型电路连接材料	掌握建筑模型电路连接的基本材料的应用	模型电路连接的材料分类	建筑模型电路连接材料选用
模型电路连接方法	掌握建筑模型电路连接的方法	模型电路连接的基本原理	建筑模型电路连接

表8-2　建筑模型特殊效果制作

内容、步骤	职业技能及方法	学习知识点	考核点
建筑模型声音效果制作	掌握建筑模型声音效果制作方法	熟悉建筑模型声音效果制作原理	建筑模型声音效果制作
建筑模型气雾效果制作	掌握建筑模型气雾效果制作方法	熟悉建筑模型气雾效果制作原理	建筑模型气雾效果制作

表8-3　建筑模型的声音拍摄

内容、步骤	职业技能及方法	学习知识点	考核点
建筑模型拍摄	掌握建筑模型的拍摄方法	熟悉建筑模型拍摄的基本知识	建筑模型拍摄

8.1　建筑模型电路控制

8.1.1　建筑模型电路材料分类

发光材料：如今在模型制作中经常采用的显示光源有发光二极管（图8-1）、低电压指示灯泡、光导纤维等。

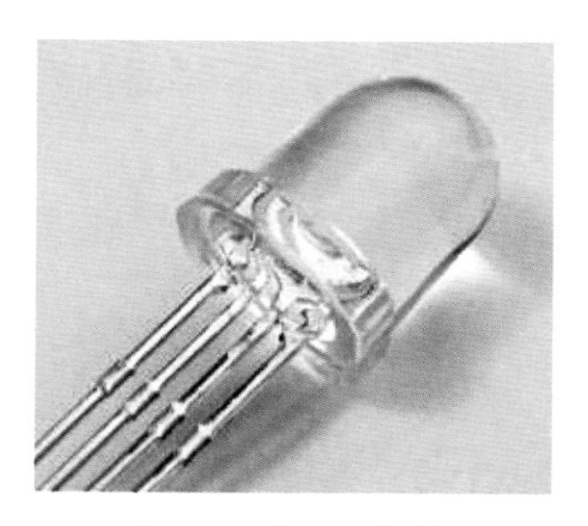

图8-1　发光二极管

（1）发光二极管

发光二极管价格低廉，具有电压低、耗电少、发光时无温升等特点，适用于表现点状及线状物体。

（2）指示灯泡

指示灯泡亮度高、易安装、易购买，但是发光时温度高、耗电多，适用于表现大面积的照明。

（3）光导纤维

光导纤维亮度大、光点直径极小、发光时无温升，但价格昂贵，适用于表现线状物体。

8.1.2　建筑模型电路连接

模型的显示电路因使用情况不同，要求也不同。其繁简程度也各异，一般分为以下几种电路。

（1）手动控制电路

此电路的原理简单，电源通过开关实现发光源的控制。在使用时，需要某部位亮时，就按该部位的控制开关。一般说来，发光光源的接法有两种。

①并联电路：这种电路的优点是电压低、安全可靠，当某组光源中有损坏者，不影响本组其他光源的正常使用；缺点是用电电流大，需要配备变压器，因此造价较高。

②串联电路：这种电路造价低廉，线路简单易连接，但如果某组中有一个光源损坏，则全组都不亮。

（2）半自动电路

大型模型在使用中需要向来宾、观众做详细讲解。那么利用讲解员手中的讲解棒做文章，便可使模型大放光彩。只要讲解员的讲解棒碰到模型中预先装好的触点上，延时和控制电路就开始工作。由控制电路发出指令，执行电路立即工作，显示电路同时发光。当讲解员在已调好的电路控制时间里讲解完毕时，电路就自动断电，恢复到下一个循环前状态。这种电路有许多变化，例如，在讲解棒前端安装一个小光源，在需要模型某部位显示时，将讲解棒前端的光源对准预先埋好的光敏电阻，按下讲解棒上的开关，小光源即发亮，光敏电阻值发生变化，控制电路即开始工作。也可用磁铁和干簧管配合做成控制线路，便会显示不同灯光效果。

8.2　建筑模型特殊效果制作

8.2.1　建筑模型声音效果

模型的声音效果就是语言讲解系统和配音、配乐系统。是一种全新的感官形式，刺激人们的视觉系统，改善了以往模型静态展示的局限，使无声的模型变得有声有色、生动诱人，其功能性也更加完善。

现代科技的发展淘汰了传统的录音机机械把握同步播放的现象，最新采用的是固体芯片语言储存技术。其录放时间在几秒到一小时甚至几小时，断电后语音不丢失，能够自动开播、自动选播、自动点播、自动重播、自动循环播放、自动停播、自动接电、自动断电等。而且无机械磨损和噪声，可配合大功率、高保真、多路环绕扩音、程序控制、数字编译码遥控、专业采捕编辑、背景音乐和分段、分区、分时讲解。

模型的声音效果分三类，即扩音型、静音型和综合型。扩音型适宜参观人较多，一般在室外或相对喧闹的环境。静音型适宜人数较少的室内场合，如工艺美术品馆、陶瓷馆、玉器馆。珠宝等展览项目中常用。随着中国向国际化迈进，中外之间的交流也日益增多，静音演示的重要一项是可以利用无线遥控进行多种不同语言的同步播放。综合型即两种演示效果兼备，根据具体情况调节和选用。

8.2.2 建筑模型气雾效果

建筑模型的气雾效果多采用负离子发生器产生的负离子气雾来模拟。只有极少数情况下采用干冰或其他模拟效果。因为负离子发生器产生的烟雾干净、纯度高、发生快、成本低且雾量可调节。

模型气雾效果的制作，是将负离子发生器产生的烟雾从需要的地方导出，有时配合影色光照在气雾上，效果更佳。另外，虽然原理简单，但是产生雾的源头必须有纯净的水，而且产生雾的簧片也需要特殊溶剂清洗，才能维持气雾的正常生产。由于搬运和安装比较麻烦，有时容易凝结成水珠，所以并不是很广泛地被采用。在自动控制方面，导通电路后很快就会产生气雾效果。

8.3 建筑模型拍摄

建筑模型摄影是模型的一种重要表现手法，在投送审定方案、报批计划、指导施工以及归档存查等方面都是不能缺少的。制作者无法长期保存自己的模型作品，所以模型摄影是模型制作者保留模型数据的选择，也是档案的重要组成部分。由于建筑与景观模型容易破碎以及搬运困难，有些工作特别需要模型照片。

罗德里克·因说：“模型照片是很重要的，许多人没有见过模型，他们见到的只是照片。模型以照片方便拍照的形式制作，这一点是必须要做到的。也就是说它必须改变自我以便接受各种要求的拍摄。”

我们对空间和造型的视觉体验依赖于与真实世界相接触而引发的视觉功能体系。实体模型总是要变成二维图像的，一张优秀的摄影作品可增强模型的表现力，它能充当公共交流的媒介，有时其重要性甚至远远大于实体模型本身。

模型摄影是根据特定的对象，利用摄影进行展示成果和资料保存的一种重要手段。模型摄影与一般摄影有所不同，它是以模型为特定的拍摄对象。因此，摄影器材的配置、构图的选择、拍摄的角度、光的使用及背景的处理，都应以特定的拍摄对象来进行选择。

8.3.1　拍摄器材

建筑模型拍摄一般使用数码单反相机（图8-2），主要是为了便于构图和更换镜头。拍摄时，一般使用数码单反相机50mm标准镜头。这种相机拍出的照片变形小，景深适中。但有时为了追求特殊的效果，可以使用变焦镜头或广角镜头。此外，还有一种PC镜头，属于专业镜头，它可以通过变焦来消除视差，将三维的拍摄对象还原成二维的平面影像。为了满足室内外拍摄的多种需要，还应配备三脚架、照明灯具、背景布及反光板等设备。

图 8-2　数码单反相机

（1）光圈、快门与景深

摄影时控制适当的曝光靠光圈和快门，它们是影响曝光的因素。光圈和快门都具有控制曝光量的作用，但方式不同。光圈是通过控制光通量来控制曝光，快门则是通过控制光线在胶片上照射时间来达到目的。因此，它们所产生的效果不同。二者的关系是相互搭配，相互补充。如果在镜头焦距不变的情况下，使用1/125秒、F11，1/30秒、F22和1/500秒、F5.6的曝光量是一样的，但拍出来的照片效果却不同。使用1／500秒、F5.6拍出的照片，由于光圈较大，景深变小，远处的环境显得模糊不清，而近距离的建筑与景观拍摄效果清晰。由此可见，光圈和快门在作用上的区别就在于光圈的大小影响照片的景深范围，而速度的快慢又决定着运动物体的清晰与模糊。在拍摄静止的模型时，按照拍摄的需要和效果，一定要注意图片的景深。光圈、速度组合见表8-4。

表8-4 光圈与快门组合效果

景深大小	逐渐缩小 ← 景深 → 逐渐增大
光圈大小	F2 F2.8 F4 F5.6 F8 F11 F16 F22
快门速度	1/1000 1/500 1/250 1/125 1/60 1/15 1/8
清晰度	逐渐清晰 运动模糊 逐渐增大

（2）镜头、焦距的选择

相机镜头分为广角、标准和长焦三种。它们是根据焦距长短划分的。焦距是指从镜头中心到聚焦平面上形成影像的距离。焦距决定镜头视角的宽窄，焦距越大视角越小，否则相反。

①标准镜头的设定：标准镜头是摄影中最常见的镜头之一。它之所以被称为标准镜头，是因为通过它拍出的照片的视角、物像的大小比例及透视关系与人眼的视角范围（约43° ）相一致，看上去有真实、贴切的感觉。标准镜头一般是生产厂家设计最好的一种镜头。镜头的分辨率高，像幅边缘的畸变较小，而且口径最大，体积最小，适合各种题材的拍摄。但艺术表现上缺乏感染力，很难给人一种新奇的感觉。数码单反相机的标准镜头焦距设定为50mm，视角为43° ，中片幅照相机标准镜头设定为75 ~ 127mm（视像幅大小而定）；10.16cm × 12.7cm像幅的相机标准镜头则设定为150mm。

②广角镜头：广角镜头是一种大于人眼视角范围的镜头。这类镜头的特点是焦距短、视角宽、景深大。所拍的画面空间对比大，透视明显，给人较强的视觉冲击力，但容易出现畸变。135机型相机标准广角镜头的焦距为28 ~ 35mm；超广角镜头的焦距在28mm以下。

③长焦镜头：长焦镜头是指视角较窄的镜头。长焦镜头的特点是焦距长、视角窄、景深小。由于视角窄，拍摄时可将远处的被摄体拉近，或在被摄对象未受干扰的情况下抓拍到精彩的瞬间。所拍画面透视感弱，景深小。数码单反相机镜头焦距在80 ~ 300mm为长焦镜头。

8.3.2 拍摄方法

（1）摄影构图

一幅照片的取舍、拍摄物像的位置以及最终的视觉效果，很大程度上取决于构图。在拍摄模型时，无论是拍摄全貌还是局部，都应以拍摄中心进行构图，通过取舍把所要拍的对象合情合理地安排在画面中，从而使主题得到充分而完美的表达。

任何模型的细部制作都有一定的缺陷，在拍摄照片时，相机与模型的距离不能太近，否则会使细部制作与其他缺陷完全暴露，同时也会因景深不够而使照片近处或远处局部变虚。模型较小，拍摄距离最好大于1.2m；如果模型较大，则以取景框能容下模型全貌为准。

拍摄视角的选择是拍摄模型的主要环节。在选择视角时，应根据模型的类型来进行。例如，用来介绍设计方案、供人参观等模型可采取低视点拍摄，以各角度立面为主。低视点的照片更接近人眼的自然观察角度，符合人们心理状态。用于审批、存档等模型则以鸟瞰为主，使照片能反映出规划布局或单体设计的全貌，意在一目了然。

在拍摄规划模型时，一般选择高视点，以拍鸟瞰为主。因为规划模型主要是反映总体布局，所以要根据特定对象来选取视点进行拍摄，从而使人们在照片上一览全局。

在拍摄单体模型时，一般选择的是高视点或低视点拍摄。当利用高视点拍摄单体建筑时，选取的视点高度一定要根据建筑的体量及形式而定。如果建筑物屋顶面积比较大，而高度较低，则选择视点时可略低些，因为这样处理便可减少画面上屋顶的比例。反之，在拍摄高层且体面变化较大的建筑物时，选择的视点可略高些，这样可以充分展示建筑物的空间关系。

利用低视点拍摄单体建筑，主要是为突出建筑主体高度及立面造型设计。

总之，在拍摄模型时，一定要根据具体情况选择最佳距离和视角。无论怎样拍摄，都要有一定的内涵和表现力，并且构图要严谨，这样的照片才有收藏价值。只有这样，才能充分展示模型外在的表现力。

（2）建筑模型背景处理

拍摄建筑模型，背景衬托很重要。应根据建筑功能、建筑的整体色彩、环境和艺术处理的需要来确定背景材料的质感和色彩。例如，想以蓝天为背景，可选用蓝色的衬布或有色纸，这样拍摄出的背景效果简洁含蓄、建筑模型更为突出。

有色纸也可自制，选白色的卡纸或其他白色纸，用气泵手持式喷笔喷出所需要的蓝天效果。

如要表现建筑周围的绿化环境时，可将建筑模型放置在草坪或缀有树木的草坪之中来拍摄，那样可以加强建筑周围的绿化氛围。

如要表现建筑周围的建筑楼群时，可将建筑模型放置在建筑楼群中的某一高处，然后选择所需要的角度进行拍摄。

无论选用哪种背景进行拍摄，都要根据摄影作品的需要和个人的审美观来构思设计。

（3）拍摄用光处理

拍摄建筑模型也涉及用光处理的问题。拍摄的光线分为室内光线和室外光线两种情况。

在室内光线的条件下进行拍摄时，可选择自然光线明亮的房间。如果自然光线不足时，可选择无自然光房间，用聚光灯或闪光灯进行拍摄。用闪光灯协助拍摄时，将灯光照射的方向与建筑模型呈45°，这样拍摄出来的建筑物模型照片具有较强的立体感。

在室外光线下进行拍摄时，应选择光线充足的天气，根据阳光照射的角度，调整建筑模型的角度。一般光线与模型水平夹角为45° 时最佳。角度选择得好，可使建筑模型照片具有更强的表现力和感染力。

思考与练习

1．简述建筑模型线路连接的基本方法。

2．如何选取建筑模型拍摄的角度？

3．建筑模型背景及光线如何布置？

参考文献

[1] 吴昊．建筑模型 [M]．太原：山西人民美术出版社，1990.
[2] 刘光明．建筑模型 [M]．沈阳：辽宁科学技术出版社，1992.
[3] 清水吉治．模型与原型 [M]．台北：龙辰出版有限公司，1996.
[4] 赵春仙，周涛．园林设计基础 [M]．北京：中国林业出版社，1996.
[5] 史习平等．设计表达 [M]．哈尔滨：黑龙江科学技术出版社，1996.
[6] 范凯熹．建筑与环境设计制作 [M]．广州：广东科技出版社，1996.
[7] 俞孔坚．景观、文化、生态与感知 [M]．北京：科学出版社，1998.
[8] 朗世奇．建筑模型设计与制作 [M]．北京：中国建筑工业出版社，1998.
[9] 潘荣，李娟．设计—触摸—体验 [M]．北京：中国建筑工业出版社，1998.
[10] 严翠珍．建筑模型 [M]．哈尔滨：黑龙江科学技术出版社，1999.
[11] 刘蔓．景观艺术设计 [M]．重庆：西南师范大学出版社，2000.
[12] 郑建启．产品・建筑・环境 [M]．武汉：武汉理工大学出版社，2001.
[13] 严翠珍．建筑模型设计制作分析 [M]．哈尔滨：黑龙江科学技术出版社，2001.
[14] 沃尔夫冈，马丁．模型思路的激发 [M]．大连：大连理工大学出版社，2003.
[15] 克里斯・B・米尔斯．建筑模型设计 [M]．北京：机械工业出版社，2004.
[16] 沈蔚等．室外环境艺术设计 [M]．上海：上海人民美术出版社，2005.
[17] 王双龙．环境艺术模型制作艺术 [M]．天津：天津人民美术出版社，2005.
[18] 李敬敏．建筑模型设计与制作 [M]．北京：中国轻工业出版社，2006.
[19] 安秀．公共设施与环境艺术设计 [M]．北京：中国建筑工业出版社，2007.
[20] 郁有西，刘大森等．建筑模型设计 [M]．北京：中国轻工业出版社，2007.